Information & Computing — 118

情報システム概論

和泉順子・櫻井茂明・中村文隆 共著

サイエンス社

サイエンス社のホームページのご案内
http://www.saiensu.co.jp
ご意見・ご要望は　rikei@saiensu.co.jp　まで．

まえがき

本書は，私たちが普段から利用し，恩恵を受けている情報システムやコンピュータネットワークの仕組みを学ぶためにまとめたものです．

本書のタイトルである「情報システム概論」は，著者一同が担当している授業の科目名でもあります．その授業を履修する学生は理工系の学生ではないこともあり，「情報」という言葉から連想される，数学や機械，といったイメージに対してハードルの高さを感じるところもあるようですが，現代社会の基盤である情報システムについて学んでみたいという気持ちも同時に感じられます．

実際，現代社会を構成し，社会基盤として動いている情報システムがいかに多いことか．大学の履修登録，電車の運行，災害や気象予測，医療や介護，農作物の管理，マーケティングや企業の成長戦略，国家の安全保障など，情報システムが活用されている分野はいまや多岐にわたっています．つまり，情報システムとは，技術や文化だけでなく社会や経済を語る上でも欠かせないものとなっているのです．

情報学自体はコンピュータ科学を含む，より大きな概念であり学問分野です．その一分野である「情報システム」は，目的を持って開発・設計され，社会環境や要求によって変遷し，高度化し，社会に適合し続けているもので，黎明期の主な目的は，コンピュータの語源の通り，単に「計算すること」でした．その計算を，社会や経済や文化，各種技術を構成するさまざまな要素にどのように適用し，いかに速く，効率的に，社会的に，みんなで使えて便利に楽にできるか…，と知恵を絞った結果，現在のような情報システムが社会環境に構築されてきたのです．こうした情報システムについて，専攻分野を問わず学ぶことができるようにという願いをもって執筆しました．

本書では，第1章で情報システムの定義をした上で，初期に考案され現在も使われているコンピュータの基本構成と，様々な変遷を経て現在の「形」になるまでの経緯を説明します．第2章では，スマートフォンを利用するだけでは気にならないかもしれないけれど，いわゆる「コンピュータ」を使おうと思うと理解しておいた方が良いファイルの概念についても最初に触れています．コンピュータが動く，つまり計算や演算をするためには，コンピュータ内部でどのようなデータがどう扱われているのか（第3章），コンピュータが動くというのはどういうことか（第4章），ということを学んだ後は，プログラムが「動く」とはどういうことか（第5章）を解説し，その観点からプログラミング言語やコンピュータネットワーク，データベースにも触れます（第6章）．情報システムがどのようなものか，どう動いているのか，という仕組みの大枠を理解していただいたら，あとは，現代社会を支える情報システムが現在，あるいは近い将来直面する問題の1つとして，情報セキュリティ，あるいはリテラシの問題を紹介し，最後にここまで扱ってきた情報システムの，開発プロセスについて触れています（第7章）．本書のほとんどは情報技術に関する内容ではありますが，文系理系に関わらず，大学生であれば一般的な教養として知っておいて欲しい内容を網羅したつもりです．情報システムに関する教科書として執筆したものではありますが，普段から情報システムの恩恵を受けている多くの人に，情報システムが日々の生活を含め，社会にどのように役立ち活用されているのか，何ができて何ができないのかを考える際の一助になれば幸いです．

最後に，本書執筆に関し，資料画像の掲載に際しご尽力いただいた東京理科大学近代科学資料館 大石和枝氏，辛抱強く丁寧に編集の仕事を進めてくださったサイエンス社の田島伸彦，足立豊の両氏に厚くお礼申し上げます．

2018年9月

著者　和泉 順子
櫻井 茂明
中村 文隆

目　　次

第1章　情報システムとコンピュータ　1

第2章　ファイルシステムの利用　13

第3章　デ ー タ 表 現　17

第4章 コンピュータが動くには 45

第5章　プログラムが動くには　67

第6章　ネットワークやデータベースにつながるとは　86

第7章　セキュリティ・リテラシ・システム開発　105

第1章 情報システムとコンピュータ

私たちは，日常生活を送る上でさまざまなICT（情報通信技術）を利活用しています．ICTとして利活用される各種情報システムには，スマートフォン（スマホ）や個人のコンピュータ（PC）を用いたSNSや買い物のように，ICTを使っていることを自覚できる場合もありますが，個人的な活動に限らず企業活動や行政サービス，あるいは医療や交通，物流などの重要インフラの構築にも高度に組み込まれており，社会環境も広く深く浸透しています．ここでは，普段利用している「情報システム」とは何か，という定義を確認しながら，その開発の経緯や変遷を振り返ります．

1.1 情報システムとは

普段からTVや雑誌，さまざまな会話で見聞きするICTや情報システムとは，何でしょうか．学校での「情報」の授業や「システム」という言葉から，コンピュータの何か，というイメージをもつ人は多いと思います．確かにコンピュータシステムを指すことも多いのですが，コンピュータに限らず情報処理や伝達を行うシステムの総称でもあります．情報システム（information system）の定義は，日本工業規格（JIS）[1] によれば，“情報処理システムと，これに関連する人的資源，技術的資源，財的資源などの組織上の資源とからなり，情報を提供し配布するもの．”とされています．ここでいう情報処理システム（information processing system）とは，“データ処理システムおよび装置であって情報処理を行うもの．事務機器，通信装置などを含む．”です．また，この情報処理システムには，“電子計算機及びプログラムの集合体であって，情報処理の業務を一体的に行うよう構成されたものをいう．”という定義も存在します（情報処理の促進に関する法律第20条第5項）．つまり，

情報システムとは，実際の情報処理（計算，演算など）を担うコンピュータ（計算機：computer）だけではなく，通信などの周辺装置やサービスに関わる人的資源，開発や保守などの技術的あるいは財的資源も包含して構築されたもの

と考えられます．

本書では，コンピュータ内部の構造を説明するだけでなく，情報システムを構成するコンピュータの開発経緯，コンピュータが「動く」とはどういうことか，あるいはプログラムが「動く」とはどういうことか，という観点からプログラミング言語やコンピュータネットワーク，データベース，情報セキュリティについて触れ，最後に社会と情報システムの関わりについてみていくことで，現代社会を支えている情報システム全体を大まかに理解してもらうことを目的としています．

1.2 コンピュータの基本構成

情報システムの処理の中で，具体的な「計算・演算」を担うコンピュータは，ハードウェア（hardware）とソフトウェア（software）から構成されます．

ハードウェアは，具体的には入力，出力，記憶，演算，制御の5つの装置を指します♠[1]．

ソフトウェアは，JIS規格によると“データ処理システムを機能させるための，プログラム，手順，規則，関連文書などを含む知的な創作”となっていますが，現状では，コンピュータの主記憶に常駐する基本ソフトウェア（オペレーティングシステム，OS）と，普段私たちが利活用している応用ソフトウェア（アプリケーションソフトウェア，いわゆる「アプリ」），およびその中間に位置するミドルウェアに大別される，という認識が一般的です．

コンピュータを構成するハードウェアおよびソフトウェアに関する詳細は第3章に，コンピュータ上で動くプログラムについては第4章で述べています．

♠[1] 通信装置などをコンピュータの構成要素に入れる分類もある．

1.3　コンピュータの変遷

現在の社会で情報システムの機材として広く使われている汎用コンピュータ，パーソナルコンピュータ（PC）やスマートフォン（スマホ），ゲーム機などは，**プログラム内蔵方式**（**stored program 方式**）で動いています．プログラム内蔵方式とは，計算のための一連の手順（プログラム）と，必要なデータをコンピュータの主記憶に記憶させ，実行したいときに記憶しているものを適宜読み出して計算を実行する方法です．この方式以前は，人間が計算途中で配線などの作業をしていたのですが，この方式が採用されたことで初めて人間が計算途中で作業に介在する必要はなくなり，計算機の自律的制御が実現されました．

プログラム内蔵方式で稼働しているコンピュータは，その提唱者（Jon von Neumann）の名前から「ノイマン型コンピュータ」と呼ばれています．

1.3.1　計算とその器具の歴史

人間が行う暗算以外の計算は数え上げや数字を書き示す技法から始まり，暦や地図の作成などの正確な測量や観察，膨大な計算が必要になってからは，手動で操作する算木（図 1.1）やそろばん（図 1.2），計算尺（図 1.3，図 1.4）のような「計算具」が発展しました．そろばんや計算尺は身近な計算具として近年まで広く使われていましたが，その後，計算量の増大とその高速化の必要性から手動ではなく機械式として，パスカルの歯車式計算機（1642 年）（図 1.5）やライプニッツの余剰計算機（1671 年）（図 1.6），バベッジの解析機関（1834 年）（図 1.7）が考案され，さらに電気式で米の国税調査の集計計算に利用されたホレリスの統計計算機（1889 年）や，歯車部分をリレーに変えて電気式に制御することで計算速度を高速化したエイケンの MARK-I（1944 年）などが登場しました．これらの計算機（コンピュータ以前という位置づけから，計算器，とも表現されます）は，いずれも現在のコンピュータとは構造が異なります．

現在のコンピュータは，電子計算機，つまり計算の駆動機構が機械式でも電気式でもなく，電子式です．現在のコンピュータの定義は，JIS には“算術演算及び論理演算を含む大量の計算を，人手の介入なしに遂行することのできる機能単位．”とあり，かつ次項の「ディジタル計算機」の項目の備考には“情報処理の分野では，計算機は，ディジタル計算機のことをいう．”と書かれていま

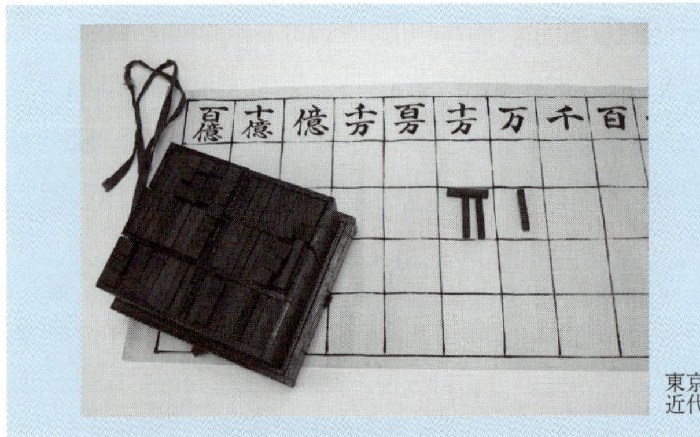

東京理科大学
近代科学資料館 所蔵

図 1.1　算木（さんぎ）

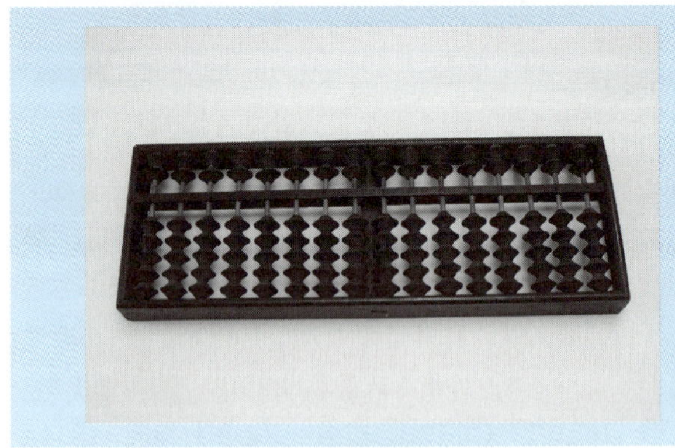

東京理科大学
近代科学資料館 所蔵

図 1.2　算盤（そろばん）

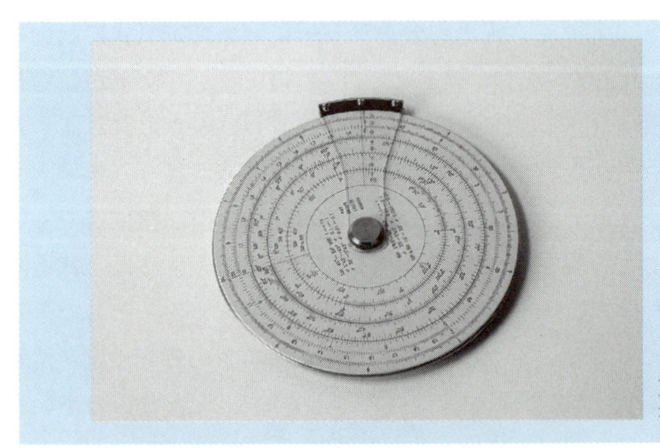

東京理科大学
近代科学資料館 所蔵

図 1.3　円盤式計算尺

東京理科大学
近代科学資料館 所蔵

図 1.4　ヘンミ計算尺

©David. Monniaux, 2005

図 1.5　パスカルの歯車式計算機

©User: Kolossos, 2016

図 1.6　ライプニッツの余剰計算機

©Bruno Barral (ByB), 2009

図 1.7　バベッジの解析機関

す．現在，一般的に「コンピュータ」として認識されるのは，この電子計算機です．

電子計算機として世界で初めて稼働したのは,米ペンシルベニア大学の**ENIAC**（Electronic Numerical Integrator And Calculator, 1946年）でした．これは主に大砲の弾道計算のために考案されたもので，電気式よりも高速な計算が可能でしたが，計算のために人間が配線を組み合わせる方式を採用していました．人間の介在を排除して計算の高速化と計算機の自律制御を実現した，世界初のプログラム内蔵方式の電子計算機は，英ケンブリッジ大学の**EDSAC**（Electronic Delay Storage Automatic Computer, 1949年）です．このような計算需要の高まりと技術改良から現在のコンピュータの原型が登場してきました．

1.3.2　コンピュータを構成する論理素子の変遷

コンピュータ上の演算で用いられる論理回路の構成要素（論理素子）としては**真空管**（図1.8）が使われ，1950年ごろには世界初の商用コンピュータとしてUNIVAC-1（UNIVersal Automatic Computer）（図1.9）が開発されました．真空管は当時のテレビやラジオにも使われた重要な部品でした．しかしその後，同時期に発明されたトランジスタが真空管よりも省電力でサイズも小さく故障も少ないことから，真空管ではなく**トランジスタ**を搭載するようになります．真空管もトランジスタも，やっているのは電圧や電流の増幅，つまり微弱な電力の変化で電気の流れを制御することです．

トランジスタの登場により電子機器の性能は大きく進展しましたが，さらなる高性能化を目指すためにはこのような論理素子（増幅素子）を大量に集積する必要があります．そこで1960年代になるとトランジスタやコンデンサ，抵抗器などを1つのシリコンチップ上に集積した**IC**（集積回路：Integrated Circuit）が使われるようになりました．現在ではICは計算機の論理素子としてだけでなく，ICチップをカードや小さな電子機器に搭載して利用する場合もあります．また，1970年代には半導体の集積技術が著しく向上した結果，ICから**LSI**（Large Scale Integrated circuit）に，1980年代には**VLSI**（Very Large Scale Integrated circuit）という超大規模集積回路に発展しました．それに伴い，計算・演算速度も飛躍的に向上しています．

コンピュータの技術革新の動向を，その論理素子の種類によって世代分けすると，表1.1のようになります．

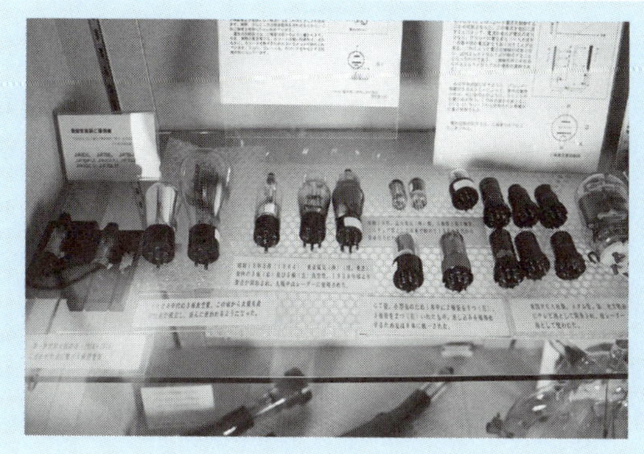

東京理科大学
近代科学資料館 所蔵

図 1.8　さまざまな真空管

東京理科大学
近代科学資料館 所蔵

図 1.9　UNIVAC120（日本で最初に導入された実物）

表 1.1　論理素子の世代分け

第1世代（1940年台半ば—1950年代半ば）	真空管
第2世代（1950年代後期—1960年代半ば）	トランジスタ
第3世代（1960年代中期—1970年代前期）	IC
第3.5世代（1970年代前期—1970年代後期）	LSI
第4世代（1980年台前期—現在）	VLSI

このように，コンピュータはダウンサイジングしながらも，高性能化，高機能化し続けています．

1.3.3 コンピュータの機種の変遷

コンピュータの機種という視点からその変遷をみると，まず**メインフレーム**と呼ばれる汎用大型計算機の技術開発が挙げられます．その後，科学技術計算用，あるいは事務処理用，など，ある程度利用範囲を限定した中小型コンピュータとして，**ミニコンピュータ**，あるいはオフィスコンピュータ，と呼ばれるものが開発されました．現在はミニコンピュータという言葉自体がほぼ使われなくなりましたが，世界初のミニコンピュータは1960年代前半に発表された米DEC社のPDP-1であり，この後継シリーズのPDP-8，C言語あるいはUNIXを生んだPDP-11（図1.10）といった機種は，のちのコンピュータに大きな影響をおよぼしました．オフィスコンピュータは，事務作業の効率化を目指した専用小型コンピュータです．

これと前後して，1971年に世界初のマイクロプロセッサ（米インテル社のi4004）(図1.11) が発表され，マイクロプロセッサを搭載したマイクロコンピュータが開発されたことにより，日本では価格が安く個人でも購入可能な**パーソナルコンピュータ**（Personal Computer：PC）（図1.12）が考案され，人気を博しました．LSIの著しい技術開発により，PCよりも高性能で高機能な**ワークステーション**と呼ばれる機種も登場し，現在でも主に大学などの研究室やエンジニアリング分野で利用されています．

なお，現在もっとも計算能力が高いコンピュータは科学技術計算を主な目的とする大規模コンピュータである**スーパーコンピュータ**と呼ばれるものです．その計算・演算能力により以前は不可能だった天体や気象，医療分野など多くの分野でのシミュレーションや検査が実現可能になってきました．スーパーコンピュータは世界各国が技術を競い合って開発を進めています．

図 1.10　DEC PDP-11

東京理科大学
近代科学資料館 所蔵

図 1.11　マイクロプロセッサの変遷

東京理科大学
近代科学資料館 所蔵

図 1.12　NEC PC-9801

1.4 コンピュータの利用形態の変遷

ここでは，今までに述べたコンピュータの論理素子や機種の変遷，あるいは社会環境の変化に伴うコンピュータの利用形態の変遷について概説します．

1.4.1 バッチ処理

1950年代以降，電子計算機がコンピュータとして稼働し始めてからしばらくの間は，非常に高価で巨大かつ消費電力も大きかったことから，大学などの研究機関の大きな部屋に設置され，みんなが共用で大切に使っていました．このころのコンピュータは主にメインフレームであり，共同利用のため順番を決めて人間がデータとプログラムをコンピュータがある部屋にもってきて準備をし，入力し，出力し終わるのを待ち，次の人のために片づけをします．前の人の計算が終わるまで，次の人は自分のデータやプログラムを入力することはできません．このように，データやプログラムを一定の量あるいは期間まで貯めておき，まとめて処理する方法を**バッチ処理**といいます．

1.4.2 タイムシェアリング

1台の高価なコンピュータを共同利用するにも，もう少し効率化が図れるはず，として工夫されたのがOSの開発と1960年ごろからの**タイムシェアリングシステム（TSS）**という利用形態です．メインフレームや一部のミニコンピュータのCPUの処理単位を細かく区切り，その時間単位ごとに利用者を切り替えることで，あたかも複数の利用者が同時にコンピュータを使っているかのような処理（**マルチユーザ**）ができるようになりました．その後，利用者単位ではなくタスク単位での割当てに相当するマルチタスクシステムとしても機能するようになりました．また，同様に1970年代までには，コンピュータが設置された部屋までデータやプログラムをもっていかなくても，遠隔地に情報端末を置いて専用線を用いてコンピュータ間通信をすることで，演算や計算の入出力ができるようになります．

1.4.3 コンピュータ間の通信

1980年代に入ってからは，メインフレームだけでなくパーソナルコンピュータやミニコンピュータ，オフィスコンピュータが以前より安価に登場し，徐々に普及し始めたことで，業務ごとにコンピュータを購入するなどの分散化が起こります．個々のコンピュータの多くは最初は単体（スタンドアロン）で使用されていました．次第に業務提携やデータ交換の必要からさまざまな種類のコンピュータを相互に接続するコンピュータネットワークの需要が発生しますが，当時はまだ以前と同様に，特定のコンピュータネットワーク上にあるホストコンピュータと遠隔からそれにつながる端末，という関係がほとんどでした．しかし，データや演算のほとんどをホストコンピュータだけが管理する集中管理はリスクが高いこともあり，**分散協調型**のコンピュータネットワークの需要が高まります．このアイディアから米国防総省の高等研究計画局（ARPA，のちに DARPA：Defense Advanced Research Projects Agency）で開発された ARPANET（Advanced Research Projects Agency NETwork）を前身の 1 つとした自律分散型のコンピュータネットワークの開発が進められ，1990 年代半ばごろにはインターネットが一般の人にも使われるようになりました．

分散協調型コンピュータネットワークが構成され始めると同時に，さまざまなネットワークサービスが自律分散的に展開されていきました．黎明期からよく知られているサービスとしては，電子メールや WWW，名前解決やファイル管理，データベース管理などが挙げられます．このような特定のサービスを行うために，ネットワーク上で**サーバ**と呼ばれるコンピュータまたはソフトウェアが稼働しており，データやアクセスの管理などを行っています．サービス利用者は**クライアント**と呼ばれるコンピュータまたはソフトウェアを用いて，サーバにサービス「要求」を出します．サーバはこの要求に「応答」を返すことでサービスを成立させます．このサービスモデルを，**クライアントサーバモデル**といいます．データベースやネットワークについては 5 章で詳述されています．

1.4.4　コンピュータネットワークと分散処理

部屋のほとんどを占有する初期のメインフレームと違い，1990 年代中ごろになるとコンピュータといえばデスクトップ型（desk top：机の上に本体やディスプレイが据え置かれる状態）になりました．しかし，コンピュータの高性能化，高機能化，小型化，廉価化，さらには無線通信基盤の発展などから，コンピュータを「持ち歩く」時代へと急速に発展していきます．具体的には，1990 年代後半にはノート型 PC（ラップトップ型，lap top：ひざの上）の発売が展開され，携帯電話がインターネットにつながるようになり，無線 LAN などの規格が普及展開され，2000年に入るとフラッシュメモリの開発も重なってiPod，iPadなどの携帯端末も普及しました．これにより，コンピュータは据え置きではなく人間と一緒に移動するものとして機能するようになります．これを**モバイルコンピューティング**といいます．2000年代初めまでは，携帯電話網の通信費が今よりも高額だったため，つなぎっぱなしで移動するというよりは，必要なときに必要な通信を好きな場所で行う，という利用形態でした．また，モバイル用の端末が普及し，かつデスクトップ型のコンピュータ自体もさらに高性能化，小型化，廉価化していくため，持ち歩くのではなく端末は「どこにでもある」状態を想定したサービスも考えられました．これが**ユビキタスコンピューティング**です．まだ無線LANや携帯電話網の通信能力がそれほど高くなかったころは，このような使われ方が主でした．

2010年前後くらいになると，無線LANも携帯電話網も高速回線になり，デスクトップ型でつながる回線も以前とは桁違いの速さになりました．通信回線が安定的かつ大容量で利用可能になると，それまでは困難だった動画などの大容量データの視聴や国際電話の代わりのビデオチャットなども普段使いできるようになってきます．そして，ネットワークが安定的に提供されることを前提として**クラウドコンピューティング**という利用形態が進みました．これは，高性能な演算装置や大容量の記憶装置を手元に用意しなくても（持ち歩かなくても），必要な情報を空に浮かぶ雲（cloud）に置いておけば，つまりネットワーク上のサーバにおいておけば，いつでも好きなときに利用することができる，というものです．どこにいてもサーバにアクセスすれば同じデータをダウンロードできますし，管理が必要なアプリなどもサーバ管理者に委ねることができます．ネットワークが切断してしまうとデータへのアクセスはできませんが，コンピュータネットワークが安定稼働している状態では，クラウドコンピューティングは大変利便性の高い利用形態になるため，今では多くの人や企業が利用しています．ただし，利便性は高いものの自分の手元以外でのデータ管理となるため情報漏洩（ろうえい）の危険性はゼロではありません．また，最初は無料だったサービスが途中から有料になることもありますから，依存しすぎることなく慎重に利用することが求められます．このように，現在ではコンピュータやネットワーク上のサービスの多くは詳細に知らなくても便利に利活用できる反面，情報セキュリティやリテラシを少しずつでも常に意識する必要があります．情報セキュリティやリテラシ，社会と情報システムについては第6章で詳述されています．

第2章

ファイルシステムの利用

本章では，コンピュータにおいてそのリソースを管理するファイルシステムについて簡単に紹介します．ファイルシステムはオペレーティングシステムによって提供されている機能であり，オペレーティングシステムに依存しています．ここでは，主に Windows を対象としてファイルシステムを紹介していきます．

2.1 ファイルとフォルダ

Windows のファイルシステムでは，データを**ファイル**として保存しています．また，複数のファイルは，**フォルダ**と呼ばれるファイルなどを格納・分類できる名前のついた保管場所によってまとめて保存することができます．フォルダの中にはファイルだけではなく，フォルダも格納することができます．このようにファイルとフォルダを管理することによって，図 2.1 に示すような階層構造を構成することができます．

それぞれのファイルやフォルダには，それぞれの名前をつけることができます．このため，多数のファイルやフォルダがあったとしても容易に整理することができます．

2.2 ファイルやフォルダの住所

ファイルやフォルダが整理できているとしても，特定のファイルやフォルダを利用したい場合には，その格納場所を正確に指定することが必要となります．このファイルやフォルダの格納場所を指定するための文字列を**パス**と呼びます．パスの指定方法には，**絶対パス**と呼ばれる方法と**相対パス**と呼ばれる方法があります．絶対パスはパスを最上位の位置から指定する方法であり，相対パスは

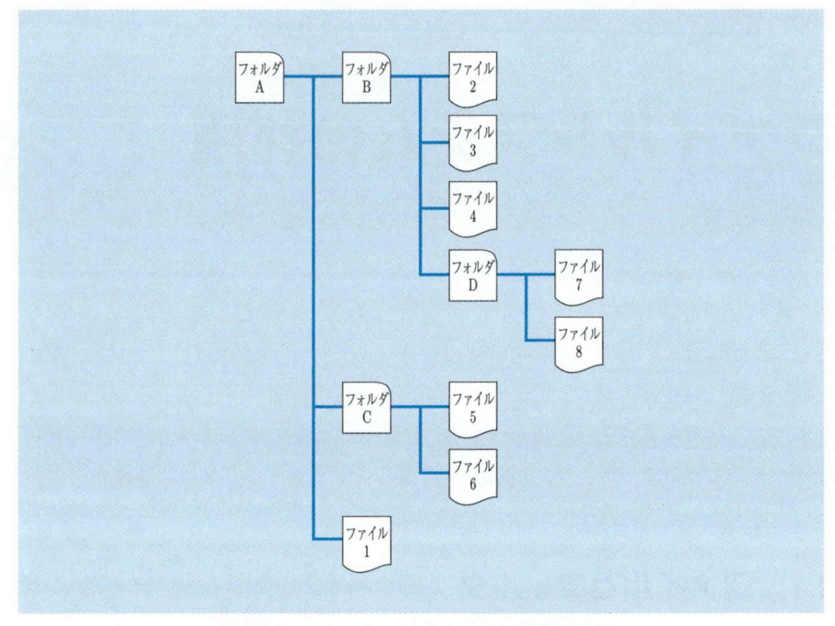

図 2.1　ファイルとフォルダの階層構造

現在の位置から指定する方法になります．Windows においては，最上位に位置づけられるのは，記憶媒体を読み書き可能な装置であるドライブの名前となります．市販の Windows コンピュータを購入した場合，通常は「C」という名前がそのドライブには与えられています．

最上位の位置あるいは現在の位置から目的のファイルやフォルダまでの経路上にあるフォルダ名を連結した文字列がパスとなります．しかしながら，単純にフォルダ名を連結しただけでは，フォルダの区切りがわからなくなってしまいます．このため，区切りを示すための文字が必要となります．Windows では，この文字として，「¥」を利用しています．ただし，ドライブとの区切りには「:」を利用しています．この他，特殊な文字として，現在の位置にあるフォルダを「.」を用いて表します．また，1つ上のフォルダを「..」によって表します．

具体的な例として，図 2.1 に示すファイルやフォルダが C ドライブに保存されている場合に，「ファイル 8」を指定する方法を考えてみることにします．

絶対パスによって表す場合を考えてみますと，C ドライブの最上位からフォルダ A，フォルダ B，フォルダ D と辿ることにより，ファイル 8 に到達することができます．したがって，絶対パスでは，次のように書くことができます．

C:¥フォルダ A¥フォルダ B¥フォルダ D¥ファイル 8

次に，相対パスによって表す場合を考えてみることにします．まずは，現在の位置がフォルダ C にあるとします．このとき，ファイル 8 に到達するには，一度，上位のフォルダに上った後で，フォルダ B，フォルダ D と辿ることにより，ファイル 8 に到達することができます．したがって，フォルダ C からの相対パスでは，次のように書くことができます．

..¥フォルダ B¥フォルダ D¥ファイル 8

別の例として，現在の位置がフォルダ B にあるとします．このときには，フォルダを下っていくだけでファイル 8 に到達することができます．したがって，次のように書くことができます．ただし，先頭の「.¥」の部分は省略することもできます．

.¥フォルダ D¥ファイル 8

2.3　ファイルの拡張子

多くのファイルでは，ファイルの名前の末尾に，格納されているファイルの種類を表す文字列が割り当てられています．この文字列は，**拡張子**と呼ばれアルファベットと数字で構成されています．ファイルの本体の名前と拡張子の区切りには「.」が利用されています．歴史的に拡張子としては，3 文字以内の文字列が好まれていましたが，3 文字を超えるような拡張子も利用されています．オペレーティングシステムでは，この拡張子を識別することにより，特定のアプリケーション上でファイルを開くことができます．拡張子が変更されたり，削除されたりする場合には，適切なアプリケーションでファイルを開くことができなくなる場合があります．

色々な拡張子が利用されていますが，表 2.1 は代表的な拡張子のいくつかを示しています．なお，Windows のデフォルトの設定では，拡張子が表示されない設定となっており，拡張子をみることができなくなっています．その代わりに，ファイルに対して，ファイルに対応づけられているアプリケーションを表した画像が割り当てられています．この絵のことをアイコンと呼んでいます．なお，コントロールパネルの中にあるフォルダーオプションの設定を変更することにより，拡張子を表示するように設定することができます．

表 2.1　代表的な拡張子

拡張子名	データの種類
avi	Windows の標準的な動画ファイル
doc/docx	Microsoft 社の文書作成ソフトのファイル
exe	プログラムなどの実行ファイル形式
htm/html	HTML 言語で書かれた Web ページを記述する形式のファイル
jpg/jpeg	JPEG 形式の画像ファイル
msi	Windows のインストールパッケージのファイル
pdf	PDF 形式の文書ファイル
ppt/pptx	Microsoft 社のプレゼンテーションソフトのファイル
txt	テキストファイル
wav	WAVE 形式の音声ファイル
xls/xlsx	Microsoft 社の表計算ソフトのファイル
zip	ZIP 形式の圧縮ファイル

第3章 データ表現

情報システムにおける情報処理を担うコンピュータは算術演算および論理演算を行うための装置ですが，現代のコンピュータは文字や画像，音声や動画など，さまざまなデータを扱うことができます．ここでは，コンピュータ内部のデータ表現を理解するために，コンピュータ内部における数値データの表現である2進数や，2進数と関連の深い16進数，8進数について理解するとともに，さまざまなデータを数値に対応させて扱う際の基本的な考え方をみていきます．

3.1 基本的な用語

3.1.1 2進数と10進数

コンピュータ上のデータは，信号の有無を1と0（正論理），あるいは0と1（負論理）に割り当て，2進数を基礎として表されます．0と1のみを用いて数を表現する体系を**2進数**（binary number）と呼び，これに対して日常我々が用いる0から9までを用いて数を表現する体系を**10進数**（decimal number）と呼びます（図3.1）．2進数は桁数が多くなるため，2進数と親和性の高い**16進数**や**8進数**もよく用いられます（3.2節参照）．

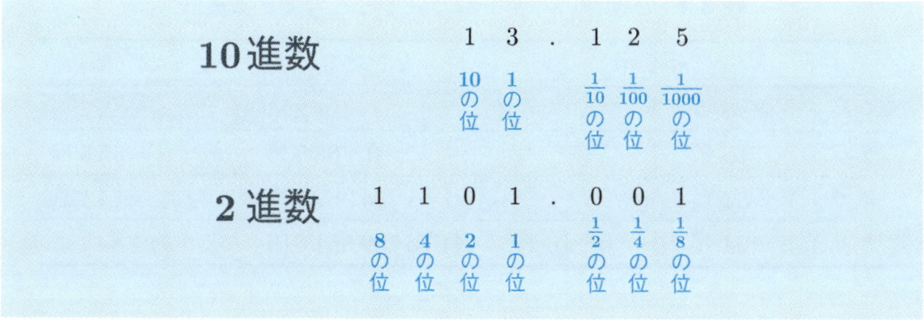

10進数　1 3 . 1 2 5

10の位　1の位　$\frac{1}{10}$の位　$\frac{1}{100}$の位　$\frac{1}{1000}$の位

2進数　1 1 0 1 . 0 0 1

8の位　4の位　2の位　1の位　$\frac{1}{2}$の位　$\frac{1}{4}$の位　$\frac{1}{8}$の位

図3.1　位取り記数法

3.1.2 ビット

ビット（bit ← binary digit）は，**2 進数の桁数**を示す単位です．たとえば，1011 は 4 ビット，11001100 は 8 ビット，の 2 進数です．1 ビットはコンピュータが扱うデータの最小単位です．

3.1.3 バイト

バイト（byte）は，一般に複数のビットをまとめて 1 つの単位として扱う場合の呼称です．現在では，**8 ビット＝1 バイト**（図 3.2）として扱うことが一般的です．8 ビットを単位として扱うことを明示するために，**オクテット**（octet, oct = 8）という呼称が用いられることもあります．

バイトは，コンピュータシステムにおいてデータのサイズを表すために常用される単位であり，大文字の B を略号として，たとえば 1 B（=1 バイト），のように表記します．**1 バイトの 2 進数**（8 ビット＝8 桁の 2 進数）は，**256 通りの番号**づけを行うことができ，符号のない整数として素直に解釈すれば 10 進数の 0 から 255 までを表します．表 3.1 に，1，2，4，8 バイトの可付番数を示します．

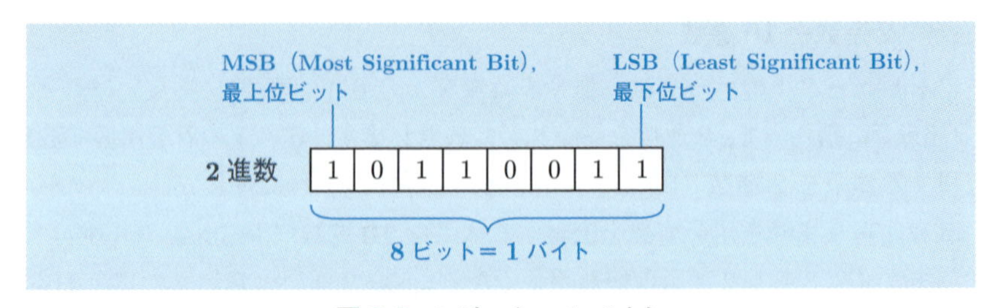

図 3.2　8 ビット＝1 バイト

表 3.1　2 進数のバイト数と表すことのできる範囲

バイト	ビット	符号なし整数範囲	可付番数（個数）
1 バイト	8 ビット	0〜255	256
2 バイト	16 ビット	0〜65 535	65 536
4 バイト	32 ビット	0〜4 294 967 295	約 43 億
8 バイト	64 ビット	0〜18 446 744 073 709 551 616	約 1 845 京

3.1.4 接頭辞（補助単位）

取り扱うデータのサイズが大きいとき，扱う数字を小さくする目的で**接頭辞**（**補助単位**）が用いられることがあります．日常生活でなじみの深い 1000 倍ごとの区切りによる補助単位に対して，コンピュータシステムでは 2 進数を基本としたデータ処理を行うため 1024 ごとの区切りによる補助単位もよく用いられてきました．1000 倍ごとの接頭辞を **SI 接頭辞**，1024 倍ごとの接頭辞を **2 進接頭辞**と呼びます．

SI 接頭辞をつけたバイト（B）の表記は 1000 倍ごとに kB，MB，GB，TB，PB，EB，ZB，YB，一方，2 進接頭辞をつけたバイト（B）の表記は 1024 倍ごとに kiB，MiB，GiB，TiB，PiB，EiB，ZiB，YiB，と表記されます．ただし，慣用的な用法として，1024 倍を区切りとした補助単位であっても，kB，MB のように 1000 倍を単位とした SI 接頭辞で表記されてきた経緯があり，現在においても，たとえば kB と表記されているものが，1000 B であるのか，1024 B であるのかは文脈によります♠[1]．

表 3.2 SI 接頭辞と 2 進接頭辞とをそれぞれ付加したバイト表記

SI 接頭辞（読み）	値	漢数字
kB（キロバイト）	10^3	千
MB（メガバイト）	10^6	百万
GB（ギガバイト）	10^9	十億
TB（テラバイト）	10^{12}	一兆
PB（ペタバイト）	10^{15}	千兆
EB（エクサバイト）	10^{18}	百京
ZB（ゼタバイト）	10^{21}	十垓
YB（ヨタバイト）	10^{24}	一秭

2 進接頭辞（読み）	値	SI との差
KiB（キビバイト）	2^{10}	2.40 %
MiB（ミビバイト）	2^{20}	4.86 %
GiB（ギビバイト）	2^{30}	7.37 %
TiB（テビバイト）	2^{40}	9.95 %
PiB（ペビバイト）	2^{50}	12.6 %
EiB（エクスビバイト）	2^{60}	15.3 %
ZiB（ゼビバイト）	2^{70}	18.1 %
YiB（ヨビバイト）	2^{80}	20.9 %

♠[1] 補助単位を表す接頭辞の表す値はべき乗で増えていくため，kB と kiB とでは 2.4% の差ですが，たとえば TB と TiB とでは，TiB の方が約 9.95% 大きく，ほぼ 1 割程度の差があり，SI 接頭辞と 2 進接頭辞との乖離は大きな補助単位になるほど増大します．SI 接頭辞と 2 進接頭辞という明確な区分けがなされたのは比較的最近であり，コンピュータシステムの世界においても，2 進接頭辞の普及が進んでいるとは言いにくい現状です．

3.2 記　数　法

3.2.1 べき乗

数の表現方法である記数法の説明に入る前に，**べき乗**について簡単に説明しておきます．べき乗は，**底**（てい）b と，**べき指数** x とを用いて，b^x のように表される演算です．一般には x は任意の数を考えることができますが，本書の範囲では，x が整数の場合のみを扱います．

べき指数 $x = n$，ただし，$n \geq 1$ の整数 $(1, 2, 3, \ldots)$，とすると，べき乗の計算は次のようになります．

$$b^n = b \times \cdots \times b \tag{3.1}$$

$$b^0 = 1 \tag{3.2}$$

$$b^{-n} = \frac{1}{b^n} \tag{3.3}$$

ここで，式3.1の右辺の b は n 回現れます．べき乗表現 b^x の x が正の整数の場合，b^x は b を x 回掛けたもので，$x = 0$ のときは，b によらず $b^0 = 1$，つまり，どんな数でも0乗したものは1となります．また，x が負の整数の場合，b^x は b^{-x} の逆数，言い換えれば，1を b で $|x|$ 回割ったものとなります．

たとえば，$b = 10$ とすると，$x = 3$，であれば，$10^3 = 10 \times 10 \times 10$，で，$10^0 = 1$，また，$10^{-2} = 1 \div 10 \div 10 = 0.01$，です．

3.2.2 10進数

10進数は0から9までの数を用いて数を表す体系です．たとえば，10進数の「239」を考えてみると，239は，「にひゃく　さんじゅう　きゅう」と読み，200と30と9とを加算した数として表されています．これを式で書くと以下のようになります．

$$\begin{aligned} 239 &= 2 \times 100 + 3 \times 10 + 9 \times 1 \\ &= 2 \times 10^2 + 3 \times 10^1 + 9 \times 10^0 \end{aligned} \tag{3.4}$$

10進数を表すそれぞれの数字は，桁の位置に応じた「重み」をもっており，各桁の重みは10のべき乗で表されます（図3.1参照）．桁の位置に応じて数字の重みが変わる記数法を**位取り記数法**といいます．

小数点以下の桁がある場合には，べき指数として負の整数を用い，たとえば，

13.125 は以下のようになります．

$$
\begin{aligned}
13.125 &= 1 \times 10 + 3 \times 1 + 1 \times 0.1 + 2 \times 0.01 + 5 \times 0.001 \\
&= 1 \times 10^1 + 3 \times 10^0 + 1 \times 10^{-1} + 2 \times 10^{-2} + 5 \times 10^{-3} \qquad (3.5)
\end{aligned}
$$

3.2.3 2 進 数

2 進数は 0 と 1 の 2 つの数を用いて数を表す体系です．2 進数では，各桁の重みは 2 のべき乗で表され，たとえば，10 進数の 13 は，2 進数では 1101 と表されますが，これは以下のように計算すると確認することができます．

$$
\begin{aligned}
1101_2 &= 1 \times 2^3 + 1 \times 2^2 + 0 \times 2^1 + 1 \times 2^0 \\
&= 1 \times 8 + 1 \times 4 + 0 \times 2 + 1 \times 1 \\
&= 8 + 4 + 1 = 13_{10} \qquad (3.6)
\end{aligned}
$$

ここで，1101_2 とは，2 進数の 1101，を意味しており，同様に 13_{10} は 10 進数の 13 であることを意味しています．この表記を用いる理由は，10 進数以外の記数法を考えるとき，ある数の表記が何進数であるかは自明ではない場合があるからです．たとえば，1101 が 2 進数の 1101_2 であれば 10 進数では 13_{10} ですが，10 進数の 1101_{10} であれば，（紛れを防ぐため漢数字を使用すると）千百一だということになります．

以下，進数を明記する必要がある場合には適宜，このような表記を用いますが，文脈上，こうした表記を用いなくとも進数が特定できる場合には省略する場合もあります．

2 進数についても，小数点以下の桁がある場合には 10 進数と同様に負のべき指数を用い，たとえば，13.125_{10} は，1101.001_2，となります．実際，1101.001_2 を 10 進数に直してみると以下のようになります．

$$
\begin{aligned}
&1101.001_2 \\
&= 1 \times 2^3 + 1 \times 2^2 + 0 \times 2^1 + 1 \times 2^0 + 0 \times 2^{-1} + 0 \times 2^{-2} + 1 \times 2^{-3} \\
&= 1 \times 8 + 1 \times 4 + 1 \times 1 + 1 \times \frac{1}{2^3} \\
&= 8 + 4 + 1 + 0.125 = 13.125_{10} \qquad (3.7)
\end{aligned}
$$

なお，項の数が増えてみづらくなるため，2 行目から 3 行目に移るところで，$0 \times \cdot$ の項を省略しました．また，$2^{-3} = 1 \div 2^3 = 1 \div 2 \div 2 \div 2 = 0.125$，です．上式では，2 行目以降はすべて 10 進数で計算しているため，$[\cdots]_{10}$ の表記は省略しています．以下，特に強調したい場合を除き，10 進数は添え字 $[\cdots]_{10}$ を省略して表記します．

2 進数は，コンピュータ内部におけるデータの物理的表現に直接な対応をつけやすいため，コンピュータ科学におけるデータ表現の基本として用いられます．

3.2.4 16 進数

16 進数は，0 から 15 までの 16 個の数を用いて数を表す体系です．ただし，表記上，10 から 15 までは，10 を A，11 を B，$\cdots$，15 を F，として，各桁の文字が 1 文字に収まるように表記します．たとえば，13_{10} は 16 進数では D_{16} のように表し，また，43_{10} は，16 進数では $2B_{16}$ となります♠2．

$$\begin{aligned}
&2B_{16}\\
&= 2 \times 16^1 + B_{16} \times 16^0\\
&= 2 \times 16 + 11 \times 1\\
&= 32 + 11 = 43_{10}
\end{aligned} \tag{3.8}$$

また，小数点以下の桁がある場合，他の進数と同様に負のべき指数を用います．たとえば，13.125_{10} は 16 進数では $D.2_{16}$ です．

$$\begin{aligned}
&D.2_{16}\\
&= D_{16} \times 16^0 + 2 \times 16^{-1}\\
&= 13 \times 1 + 2 \times \frac{1}{16^1}\\
&= 13 + \frac{2}{16} = 13 + 0.125 = 13.125_{10}
\end{aligned} \tag{3.9}$$

16 進数は，2 進数の 4 桁（4 ビット）を 16 進数の 1 桁として過不足なく表すことができるため，10 進数と比較して，コンピュータ内部のデータ表現との対応をつけやすく，かつ，2 進数を直接扱うよりも表記上の桁数を少なくすることができます．（$16 = 2 \times 2 \times 2 \times 2 = 2^4$ であるため，16 進数の 1 桁は 2 進数の 4 桁（4 ビット）とちょうど区切りが一致することによります）．

♠2 A や B などを「数字」として扱うことに違和感があるかもしれませんが，たとえば $C5_{16}$ という 16 進数を，アルファベットを用いずに（$C_{16} = 12_{10}$ なので）125_{16} と表してしまうと，3 桁の 16 進数のようにみえてしまいます．位取り記数法では各桁の位置が重要であるため，10 から 15 の範囲については，A〜F の英字を数字の代用として使うことで，各桁が 1 つの「数字」で表されるようにしています．

3.2.5 8 進 数

8 進数は，0 から 7 までの 8 個の数を用いて数を表す体系です．たとえば，13.125_{10} は，8 進数では 15.1_8 と表されます．

$$
\begin{aligned}
&15.1_8\\
&= 1 \times 8^1 + 5 \times 8^0 + 1 \times 8^{-1}\\
&= 1 \times 8 + 5 \times 1 + 1 \times \frac{1}{8^1}\\
&= 8 + 5 + \frac{1}{8} = 8 + 5 + 0.125 = 13.125_{10}
\end{aligned}
\tag{3.10}
$$

8 進数は，2 進数の 3 桁（3 ビット）を 8 進数の 1 桁として過不足なく表すことができるため，16 進数と同様，10 進数と比較するとコンピュータ内部のデータ表現との対応をつけやすく，桁数を少なくすることができます♠3．

3.2.6 基数の表記方法

これまで，2 進数は 10_2，10 進数は 10_{10} のように，数の右下に進数を下つきの数字で表してきましたが，**基数**（何進数であるか）を表記する方法は，これ以外にもいくつかの方法があります．いくつかの例を下記に挙げます．

2 進数	101	101_2	0b101	&B101	101(2)
8 進数	101	101_8	0o101	&O101	101(8)
10 進数	101	101_{10}	0d101	&D101	101(10)
16 進数	101	101_{16}	0x101	&H101	101(16)

コンピュータのプログラミング言語においては，通常，101_{16} のような下つき文字を用いた表記は使用できないため，0x101 や &H101 のような表記を用いることがよく行われています．

♠3 ただし，現代のコンピュータは 8 ビット＝1 バイトを処理の基本単位として用いるシステムがもっとも普及しており，8 ビットを 2 桁で過不足なく表すことのできる 16 進数と比較すると，8 進数では 2 進数 8 ビットを表すために 8 進数 3 桁が必要であり，冗長な部分（8 進数 3 桁で表すことのできる数のうち，2 進数 8 ビットとは対応しないために使われない部分）がでてきます．しかし，A〜F までの「文字」を「数字」の一部としてつけ加える 16 進数と比べ，8 進数は日常生活での「数字」の範疇である 0〜7 までのみを用いるという特徴があり，かつ，2 進数との親和性の高さを（10 進数と比較して）得られることから，コンピュータプログラムなどでは 8 進数が使われる場面がしばしばあります．

3.3 異なる進数間の変換

3.3.1 N 進数から 10 進数への変換

N 進数で表記されている数を 10 進数での表記に直すには，以下の手順で計算します．

(1) 与えられた進数表記の数を書きます

(2) 1 の位（＝小数点の左の桁）の下に，1，を書きます

(3) 整数部があれば，左側に N 倍していきます

(4) 小数部があれば，右側に N で割っていきます

(5) 上下を掛けたものを足したものが 10 進数表記となります

2 進数の 1101.001_2 を 10 進数に変換する例を図 3.3 に示します．2 進数の場合は $N = 2$ なので，整数部は 2 倍する，小数部は 2 で割る，という計算を順に繰り返します．整数部がない（$0.\cdots$）場合や，小数部がない場合は，それぞれ対応する手順を省略します．

8 進数の場合は，2 倍する，あるいは 2 で割る，という計算を，それぞれ，8 倍する，あるいは 8 で割る，と置き換えればよく，16 進数については，それぞれ，16 倍する，あるいは 16 で割る，とすればよいのですが，16 進数の場合，アルファベットの A〜F が現れるときは，A $\rightarrow$ 10，B $\rightarrow$ 11，C $\rightarrow$ 12，D $\rightarrow$ 13，E $\rightarrow$ 14，F $\rightarrow$ 15，として計算を行う必要があります．

図 3.4 は，8 進数の 153.2_8 を 10 進数に変換する計算手順で，小数部分のある例です．小数部分は 1 を 8 で割っていくため，153.2_8 の .2 に現れる 2 には，1/8 の重みがかかることがわかります．

図 3.5 は，図 3.4 の例で各桁の重みの求め方と，その意味を示したものです．基数は，2 進数の場合は 2，8 進数の場合は 8，10 進数の場合は 10，16 進数の場合は 16，などとなります．各桁は基数同士を掛け合わせたもの（＝基数のべき）であって，左の桁に行くほど各桁の表す数字の重みが増し，右の桁に行くほど数字の重みが減ることがわかります．

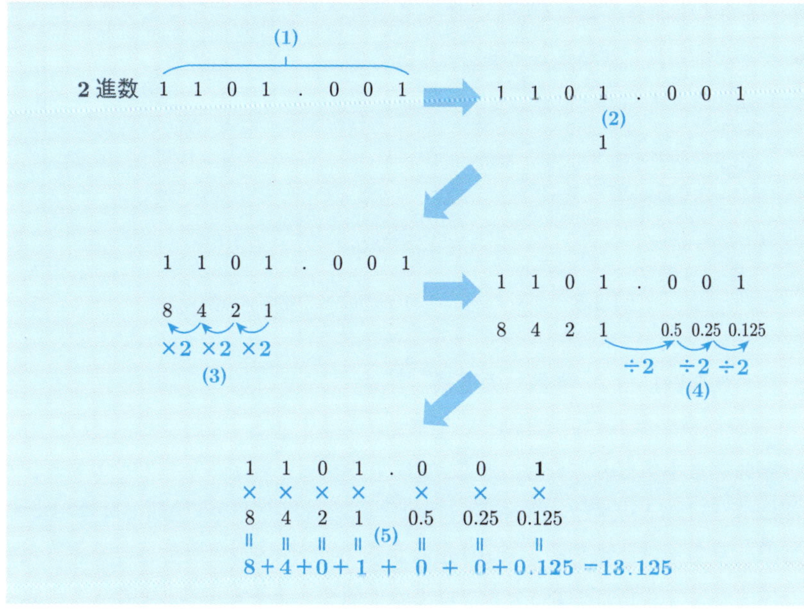

図 3.3　N 進数から 10 進数への変換（例：2 進数 1101.001）

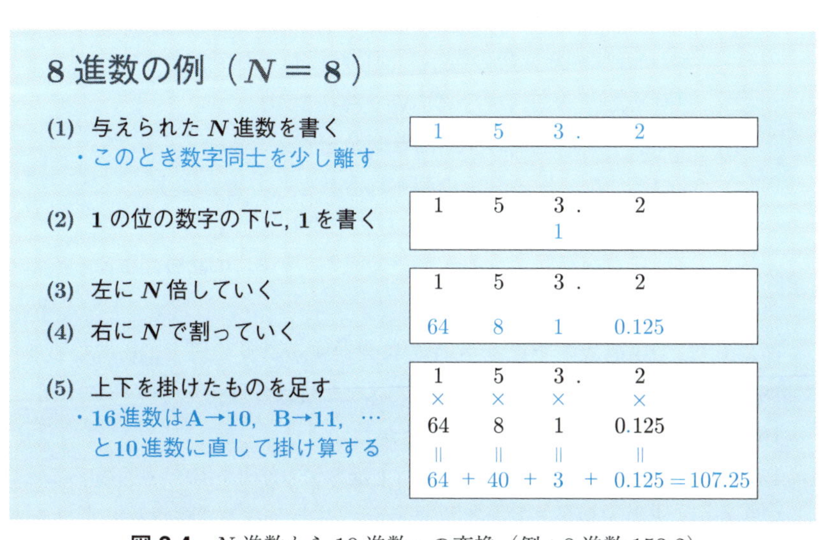

図 3.4　N 進数から 10 進数への変換（例：8 進数 153.2）

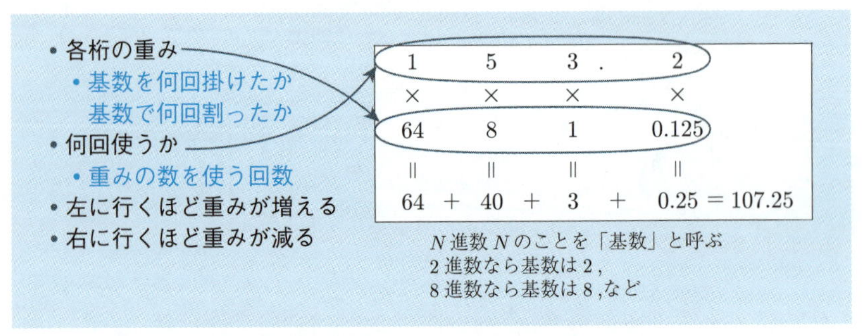

図 3.5 各桁の重みと 10 進数への変換の意味

3.3.2 10 進数から N 進数への変換

10 進数で表記されている数を N 進数での表記に直すには，与えられた 10 進数を整数部と小数部とに分け，整数部は N で割った剰余（割った余り）を，小数部は N 倍していく際の 1 の位を，それぞれ並べる，という手順で計算します．

整数部 整数部は，次の手順で 10 進数から N 進数への変換を行います．計算はすべて 10 進数で行います．以下の手順で，商と剰余は，それぞれ，割った答えと余りです．たとえば，$13 \div 2$ であれば，6 余り 1 で，6 が商，1 が剰余，となります．

(1) 与えられた 10 進数の数字を割られる数として書きます
(2) 変換したい N 進数の基数 N で割ります
(3) 計算は小数点を使わず，商と剰余を書きます
(4) 商の部分を，次の計算の割られる数として書きます
(5) (2) から (4) を，商が 0 になるまで繰り返します
(6) 得られた剰余を，下から順に並べたものが N 進数に変換した結果になります

図 3.6 は，10 進数の 107 を 8 進数に変換する計算の例で，0 になるまで（8 進数へ変換するため）8 で割っていった結果の剰余を下から並べると，107_{10} は 8 進数で 153_8 となることがわかります．ここで，計算の途中，$13 \div 8 = 1$ 余り 5 となった時点で，「1 は 8 より小さいのでもう割ることができない」として計算を終えてしまうと誤りとなるので注意してください．

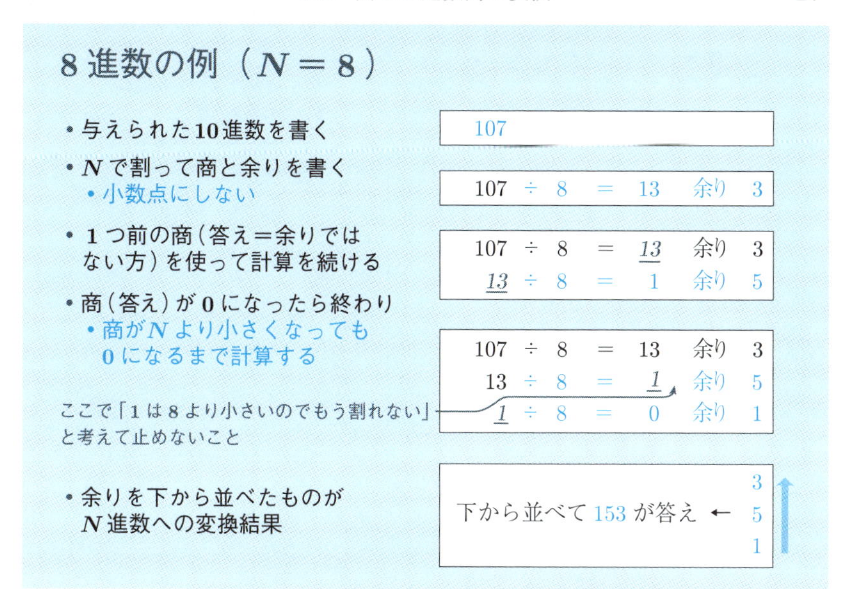

図 3.6　整数部：8 進数への変換例

小数部　小数部は，次の手順で 10 進数から N 進数への変換を行います．計算はすべて 10 進数で行います

(1)　与えられた 10 進数の数字を掛けられる数として書きます

(2)　変換したい N 進数の基数 N を掛けます

(3)　掛けた結果の**小数点以下の部分**のみを次の計算の掛けられる数として書きます

(4)　(2) から (3) を，小数点以下の部分が 0 になるまで繰り返します

(5)　0. に続けて，得られた結果の**整数部分**を上から並べたものが N 進数に変換した結果になります

小数部の計算は，必ず $0.\cdots$ のように，整数部分が 0 であるような形で掛け算を行います．たとえば，12.357 のような 10 進数を N 進数に変換する場合，$12.357 = 12 + 0.357$，と，整数部と小数部に分け，整数部の 12 は，既に述べた整数部の変換の手順に従って計算を行い，小数部の 0.357 は上記の手順で計算を行います．

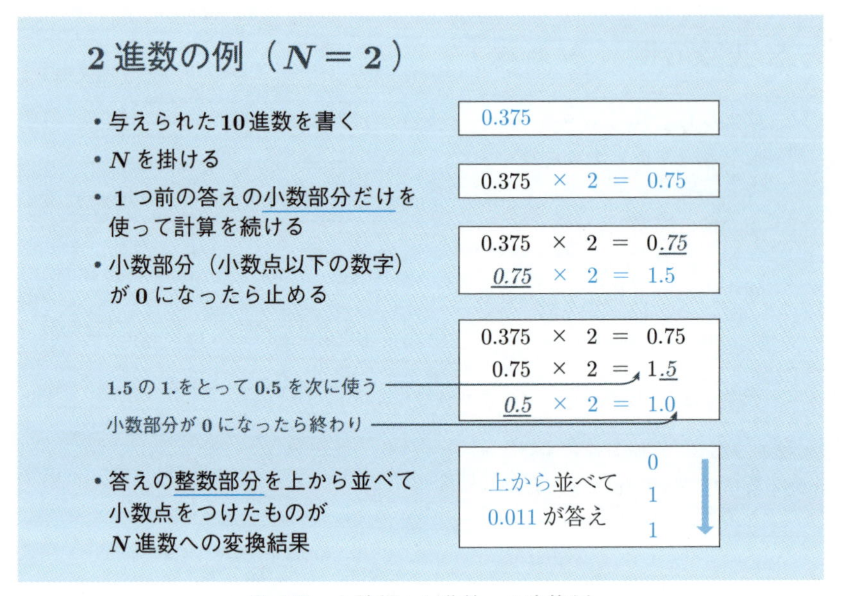

図 3.7 小数部：2進数への変換例

図3.7は，10進数の0.375を2進数に変換する計算の例で，小数点以下の部分が.0になるまで，（2進数に変換するので）2を掛けていき，答えが1.0と，小数点以下の部分が0となったところで，得られた結果の整数部分を上から並べた，0，1，1，を使い，0.011_2と変換結果が得られています[♠4]．

♠4 10進数からの変換において，整数部分は割り算を繰り返し行っていくことから，商（割った答え）はいつかは必ず0になり，計算はそこで終了します．しかし，小数部の変換の場合，どこまで計算しても小数点以下の数字が0にならないケースがありえます．この場合，変換した結果は循環小数といって，無限に続く小数となります．これは，10進数の例でいえば，$1 \div 3 = 0.33333\ldots$のようになるケースです．

たとえば，10進数の0.1を2進数に変換する場合，次々に2を掛けていくと，0.2，0.4，0.8，$\underline{1.6 \to 0.6,\ 1.2 \to 0.2,\ 0.4,\ 0.8}$，$1.6 \to 0.6$，$\cdots$，のようになり，下線部分が永遠に循環して終わらないことに気づきます．

これは，進数，すなわち基数を変えるということは，端数を数える単位を変えるということに由来しています．0.1は，$1 \div 10 = (1 \div 2) \times (1 \div 5)$であるので，2では割り切ることのできない$1 \div 5$という要素があるため，上でみたように$0.1_{10}$は，2進数では$0.000\underline{1100}\cdots$のように循環小数となります．

3.4 情報システムで扱うデータ

本節では，情報システムで扱うデータとして，**論理データ**，**数値データ**，**文字データ**，**音声データ**，**画像データ**，のそれぞれを，0と1の符号列として表す方法について述べます．

3.4.1 論理データ

論理データは，**TRUE**（真）と**FALSE**（偽）のみを値としてとるデータであり，条件分岐やデータのフィルタリングなどに用いられます．コンピュータの内部表現としては，0をFALSEに対応させ，1をTRUEに対応させて扱う処理系が多いのですが，0以外（1を含む）をTRUEとして扱う処理系も少なくありません．ブール（Bool）代数に従うデータという意味から，**boolean**と呼ばれることもあります♠5．

3.4.2 数値データ

数値データは，処理系ごとに決められた一定のビット長をもったデータで表します．ビット長は一般には任意の長さでかまわないのですが，実際上は8ビット，16ビット，32ビット，64ビット，128ビット，など，8の倍数ビット，すなわち，バイト単位で考えたときに整数のバイト数になるものが多く用いられています．また，決められたビット長の中で，負号（マイナス）や実数（小数点のある数）に対応するためのフォーマット（規格）を定義して数値データを表します．

決められたフォーマットとビット長で定義される1つの数値データを**数値語**と呼び，ビット長のことを語長とも呼びます．

ここで，前節3.1で2進数を考えたときには，たとえば13_{10}は1101_2，のように，2進数にした際に必要なだけのビットを書いていましたが，ここでは決められたビット長のデータであることを明示するために，たとえば8ビットの

♠5 理論的には，コンピュータが表す2進数値データのうち，TRUEを表す集合とFALSEを表す集合（どちらも空集合ではない）を任意に決めてブール代数の演算（論理演算）を実装すればよく，これらの集合が$\{x \mid x \neq 0\}$と$\{x \mid x = 0\}$である必要はないのですが，このように定義すると，論理演算を通常の加算や乗算で便宜的に代用できる場面があることから，そうした実装になっていることが多いと考えられます．

数値データであれば，00001101 のように，決められたビット長の個数だけ数字を並べて示すことにします．

負の数の扱い

コンピュータ上で数値を扱う場合，負の数を表す方式として，**符号ビット**を用いる方式，**ゲタばき表現**を用いる方式，**補数**を用いる方式が代表的です．

符号ビット 数値語を構成するビットのうち，1 ビットを正負（+/−）の符号を表す符号ビットとして用いる方式です．最上位（もっとも左）のビットを符号ビットとし，このビットが 0 であれば正の数（+），1 であれば負の数（−）とすることが一般的です．

図 3.8 は，数値語の語長が 8 ビットの場合に，10000101_2 がどのように解釈されるかを示しています．符号なし（符号ビットを用いない）場合，1 が立っているビットの重みを足すと，$10000101_2 \to 128+4+1=133$ となりますが，最上位ビットが符号ビットの場合，符号ビットが 1 であれば負の数であることを表しているので，$0000101_2 \to 4+1=5$，とあわせて，$10000101_2 \to -5$，となります．

今の例で，符号なしの 8 ビットの整数は $00000000_2 \sim 11111111_2 = 0 \sim 255$ の 256 個の数を表しますが，符号ありの場合は，8 ビットを，符号ビットが 1 ビット，絶対値が 7 ビット，として分けて使うため，絶対値は $0000000_2 \sim 1111111_2 = 0 \sim 127$ で，正負の場合があるので，$-127 \sim 127$ の範囲となり，255 個の数を表します．符号ありが符号なしよりも 1 つ少なくなっているのは，0 について，+0（00000000_2）と，−0（10000000_2）が重複してしまうためです．

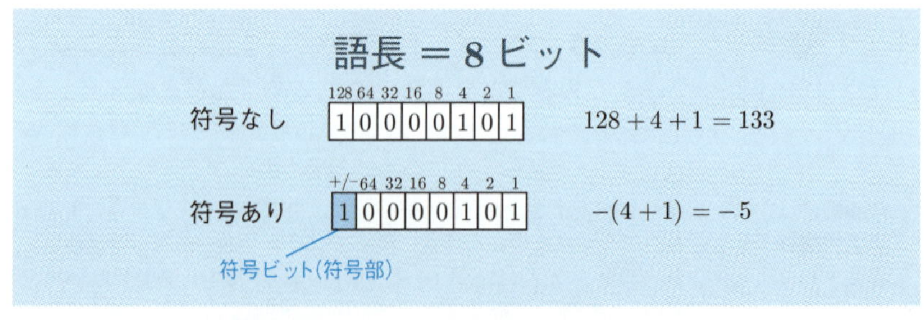

図 3.8 符号ビットを用いて負の数を表す

ゲタばき表現 ゲタばき表現は，もとの数にゲタと呼ばれる一定の数を足して2進数として表現し，10進数に戻して考える際にゲタの数を引く方式です．ゲタはオフセットとも呼ばれます．図3.9は，8ビットの数値語長で，127のゲタをはかせる場合の例です（ゲタは履物の下駄に由来）．数値データとして記録される2進数の値は00000000_2〜11111111_2ですが，もとの値には10進数で$127 = 01111111_2$のゲタをはかせます．したがって，記録される数の範囲は，10進数では-127〜128となります．

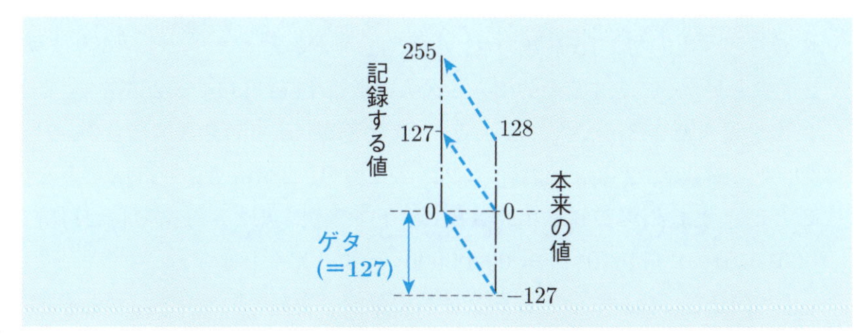

図3.9 ゲタばき表現を用いて負の数を表す

補数表現 補数表現は，ある数aに対して，補数cを負の数とみなして扱う方式です．補数は，数を，何進数で表すか，と，何桁で表すか，によって求め方が異なります．一般に，B進数のD桁で数を表す場合，ある数aに対して，aのBの補数cは，B進数D桁で表すことのできる最大の数に1を足したものから，aを引いたものになります（ここでのa，B，c，Dは16進数ではなく，正の整数を表す変数です）．

まず，10進数で考えてみます．

10進数2桁で数を表す（$\mathrm{B} = 10$，$\mathrm{D} = 2$）ことを考えると，10進数2桁で表すことのできる最大の数は99です．これに1を足したものは100になります．たとえば10進数の21を考えると，21の10の補数は，$100 - 21 = 79$になります．図3.10左のように，$21 + 79 = 100$を，2桁の範囲内だけでみると，$21 + 79 = 00$となっています．これを，21と足してゼロになるものが79，とみなして，79を-21と読み替え，負の数に対応するものとして扱うのが，補数表現による負の数の表し方です．

ここで，もし，数を10進数3桁で考えることにすると，3桁の最大の数は999なので，それに1を足した1000から引いたものを補数として扱うことになるので，10進数3桁の場合の21の補数は $1000-21=979$ となることから，同じ進数でも扱う桁数が異なると補数も異なることがわかります．

コンピュータの場合は2進数で数を扱うため，実際には2進数で2の補数を考えることになります．2進数の場合も，桁数，すなわちビット数によって補数は異なってきます．たとえば，図3.10右のように，2進数8ビットで数を表すとして，10進数の21の補数を考えると，次のようになります．2進数8ビットで表すことのできる最大の数は $11111111_2=255_{10}$ で，これに1を足すと 256_{10} です．よって，2進数8ビットで数を表す場合の，21_{10} の，2の補数は，$256_{10}-21_{10}=235_{10}$ となり，235_{10} を，-21_{10} とみなすことになります． これを2進数8ビットで表現すると，$21_{10}+(-21)_{10}=00010101_2+11101011_2=00000000_2$ のようになります．

図3.10右では，この計算を2進数の筆算で書いていて，8ビットで表した2つの2進数，00010101_2 と，11101011_2 とを足した結果は，9ビットの2進数 100000000_2 となりますが，8ビットの範囲で考えると，最上位の1を捨てて，00000000_2 となり，$21_{10}+(-21)_{10}=0_{10}$ が8ビットの2進数で表現できていることになります．

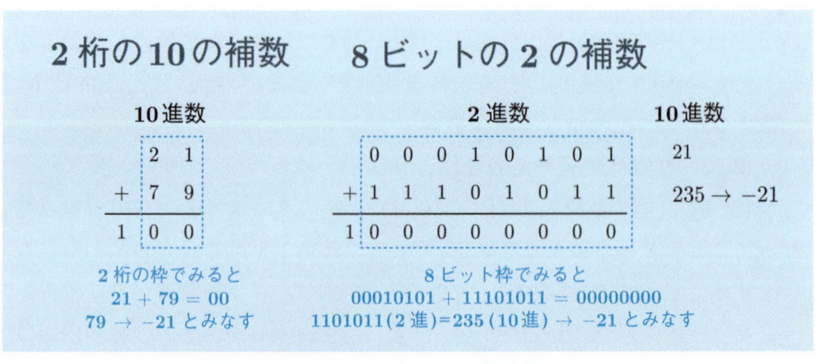

図3.10　補数表現を用いて負の数を表す

ここまでの説明を別の角度からみてみると，B 進数 D 桁の数 a に関してのBの補数とは，a と足したときに D + 1 桁に繰り上がりする最小の数を求めているともいえます．この場合，D + 1 桁目が 1 となり，D 桁目以下はすべて 0 となるからです．

例として，図 3.11 のように 10 進数 1 桁の 10 の補数で考えると，足して 10 となるペアを正負のペアとしてみなすというのが補数の考え方の本質です．図 3.11 から気づくように，この場合，5 の補数は 5 となるため，5 を +5 と扱うか，−5 と扱うか，は処理系の実装によります．10 進数 1 桁と異なる進数や桁数であっても，同様に中央の数の補数は自分自身となりますが，本書ではそうした場合には負の数を表すものとして扱うことにします．また，6 を −4，とする代わりに，4 を −6，等々，としても成り立ちますが，そのようにした場合，表される数の範囲がとびとび（図 3.11 の場合，−9〜−5，0，6〜9）になり，扱いづらいため，通常は 0 を含んだ 1 つの区間（図 3.11 の場合，−5〜4）を表すようにして扱います．

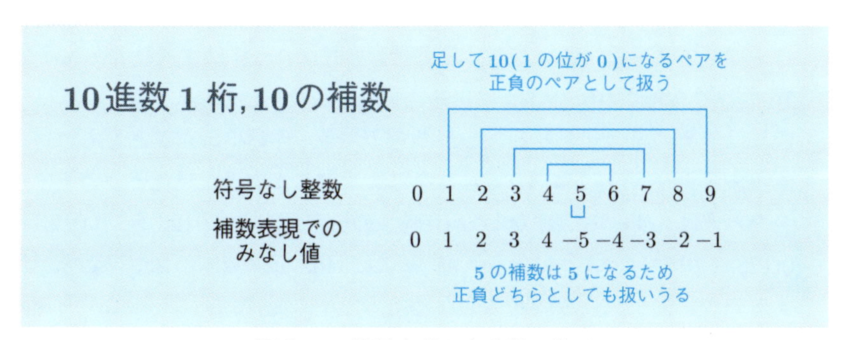

図 3.11 補数表現が表す数の範囲

小数点の扱い

以下に，代表的な数値データのフォーマットを示します．

固定小数点数 固定小数点数は，数値語の任意の位置に小数点が置かれているとして数値データを扱うものです．最下位ビット（一番右の桁）の右隣に小数点が置かれているとして扱えば，それは小数点以下の数がないことになるため，表される値は整数となります．また，最上位ビット（一番左の桁）の左隣に小数点が置かれているとして扱えば，表される値は 1 未満の小数となります．

信号処理などの分野では，N ビットの数値語で，小数点以下の桁数が f のとき，Q$n.f$ のように書くことがあります．上に挙げた2つの例は，8ビットの数値語だとすれば，それぞれ，Q8.0 が整数，Q8.8 が1未満の小数，の場合に対応します．一般には，任意の n について $f = 0$ であれば整数としての扱い，$n = f$ であれば1未満の小数としての扱い，となります．

固定小数点数は，次に述べる浮動小数点数よりも演算の処理が軽いという利点があります．反面，用意された桁数からはみだすような大きさの数については，精度が落ちるという欠点もあります．画像処理や音声処理など，処理すべきデータの範囲が一定に揃っている場合には，速度を重視する観点から固定小数点数が用いられることがあります．

浮動小数点数　**浮動小数点数**は，限られた桁数の中で広い範囲の数を精度を保ったまま扱うための方式です．浮動小数点数では，表現したい数 Y を次の形に書き表します．

$$Y = M \times B^E \tag{3.11}$$

ここで，B は基数，M は仮数，E は指数と呼ばれ，B は2進数であれば2，10進数であれば10，のように，進数を表す基数をとります．M と E は一般には無数の組合せをとることができますが，浮動小数点数としてデータ表現する場合，$B^{-1} \leq M < 0$ となるようにします（正規化といいます）．

たとえば，$B = 10$，すなわち10進数の場合，$Y = 0.0123$ を，$0.0123 = 0.123 \times 10^{-1}$，のように表し，$M = 0.12345$，$E = 2$，の2つの数を記録するのが浮動小数点数の基本的な考え方です． 基数 B は，通常，一連の処理の中では固定されているので，仮数 M と指数 E を記録すればよいことになります．

固定小数点数は，予め桁数と小数点の位置を任意に定めて記録するため，用意された桁の範囲から外れる数値については捨てられてしまいます．浮動小数点数でも，仮数 M と指数 E は任意に定めた桁数の範囲内で記録しますが，正規化を行うことによって，定められた仮数の桁数内に納められる限りの数値が記録できるようになっています．正規化によって小数点の位置が変わるため，指数 E に小数点の位置の情報を記録するようにしており，このように小数点の位置が動くことから，浮動小数点数という名称が用いられています．

実際のコンピュータ上では，**IEEE**（米国電気電子学会）の定めた IEEE754 という規格に基づいて浮動小数点数を扱っていることが多く，B として 2 進数を用い，M は 2 進数の特性を活かして省略可能なビットを省略する（ケチ表現と呼ばれます），E はゲタばき表現を用いて正負の数を表現する，などの工夫が行われています．

2 進化 10 進数　**2 進化 10 進数**（**BCD**，Binary Coded Decimal）は，10 進数の各桁を，それぞれ 2 進数 4 ビットで表す方式です．2 進数 4 ビットは，10 進数では 0〜15 を表すことができますが，BCD では 10 進数の各桁にそれぞれ 2 進数 4 ビットを使うため，10〜15 に対応する 2 進数のパターンは現れないことになり，情報量的に無駄のある（冗長な）表現方式です．たとえば，10 進数の 15 を，BCD では，00010101_2 のように 8 ビットを使って表しますが，15 を素直に 2 進数に直せば，1111_2，と，4 ビットあれば表すことができるため，冗長になっています．

冗長である代わりに，10 進数との対応がとりやすくなり，人間がみた場合にも 10 進数値が求めやすいことや，端末の処理能力が現在よりも低かった初期の計算機において，端末における 10 進表示時の処理負荷を下げられる，などの理由から，BCD が用いられたケースがありました．BCD のこれらの特徴は，10 進数との親和性が高い，と表現されることがあります．現在では新規に BCD がデータ形式として使用されることはあまりありませんが，メインフレームなど，過去から継承しているソフトウェア資産があるシステムにおいては，次に出てくるゾーン 10 進数，パック 10 進数などとともに使われていることがあるようです．

ゾーン 10 進数，パック 10 進数　**ゾーン 10 進数**と**パック 10 進数**は，BCD を拡張したような 2 進数での表現形式です．どちらも，10 進数の数値自体は，各桁 4 ビットの 2 進数を用いて BCD と同様に表現します．

ゾーン 10 進数の場合，各桁の BCD 表現 4 ビットの前にさらに 4 ビットをつけ加えて，10 進数の各桁をそれぞれ 8 ビットの 2 進数で表しています．追加の 4 ビットは，文字表示する際の JIS コードや EBCDIC コードとして変換処理なしに直接使用できるようにするためのものです．また，符号に関する情報ももたせています．

パック10進数は，BCDと同様に10進数の各桁を4ビットの2進数で表し，最後に符号を表すための4ビットをつけ加えたものです．

ゾーン10進数，パック10進数とも，現代的なプログラミング環境ではあまり使われることはありません．

3.4.3 文字データ

文字データは，特定の文字集合について，それぞれの文字に対応するコードを割り当てて表します．わかりやすくいえば，ある文字を表す数字を割り当てることにあたります．コードの割り当て表を指して，**文字コード**，と呼ぶこともあります．

文字集合としては，コンピュータの黎明期には，まず英文字（大文字・小文字）と数字，記号を割り当てた**ASCII**（**アスキー**）コードが1963年に制定されました．ASCIIコードは表3.3のようになっています．表3.3は，左端の列，上端の行，の順に読み取り，たとえば，アルファベット大文字の「A」は，16進数で0x41（10進数では65）となります．ASCIIコードは7ビット，すなわち128通りの数値を文字として割り当てることができますが，表3.3にない部分には制御文字と呼ばれる，画面制御のために使われる特殊な「文字」が定義されています．

ASCIIコードの後，さまざまな文字集合について多種多様な文字コードが定義されてきましたが，それらはほぼ独立に定義されてきたため，以下のような問題が生じていました．

(1) 同じコード（数値）でも，文字コードが異なれば別の文字を表す，あるいは定義されていない，ということが起こる

(2) 同じ言語に対して，複数の異なる文字コードが存在する場合もある

このため，1つの文書ファイル中に異なる文字コード（たとえば異なるいくつかの言語）を混在させるような場合にはしばしば混乱が生じていましたし，環境によってはそうしたことはできないこともありました．

現在は，**Unicode**（ユニコード）と呼ばれる，多くの国や言語の文字を1つの体系で表す文字コードが広く普及しており，今後しばらくはUnicodeが標準的に使われるようになっていくと考えられています．なお，Unicodeは文字と数値との対応表として定義されていて，具体的にどういう2進数として符号化

するかという方式は複数定義されています．現在インターネットで多くみられる Unicode の符号化は **UTF-8** という方式で，UTF-8 は ASCII コードを包含しているコードになっています．

なお，Unicode の普及以前に使われていた文字コードもデータとしては残っており，日本語については **JIS**（**ISO-2022-JP**），**Shift-JIS**，**EUC**，などの文字コードがインターネット上ではまだ散見されています．

表 3.3　ASCII コード表

	0	1	2	3	4	5	6	7	8	9	A	B	C	D	E	F
2		!	"	#	$	%	&	'	(	)	*	+	,	-	.	/
3	0	1	2	3	4	5	6	7	8	9	:	;	<	=	>	?
4	@	A	B	C	D	E	F	G	H	I	J	K	L	M	N	O
5	P	Q	R	S	T	U	V	W	X	Y	Z	[	\	]	^	_
6	`	a	b	c	d	e	f	g	h	i	j	k	l	m	n	o
7	p	q	r	s	t	u	v	w	x	y	z	{	|	}	~	

3.4.4　音声データ

音は空気の振動が伝搬する波であり，電気的に音を再生するには，空気振動を作り出すスピーカーやヘッドホンを**アナログ**（analog）の信号で駆動する方式が一般的です．一方，コンピュータ内部のデータはすべて**ディジタル**（digital）データであるため，アナログとディジタルとの間での変換が必要となります．コンピュータ内部のディジタル音声データから，人間の耳で聴取可能な空気振動を作り出すためのアナログ電気信号に変換することを **D/A 変換**と呼びます．

ディジタルデータとしての音声データは，主に次の 2 つの方法で得られます．1 つは，音の空気振動の振幅をマイクロホンなどで拾って得られるアナログ信号をディジタルデータに変換する，**A/D 変換**と呼ばれる方法で，もっとも一般的な方法です．もう 1 つは，コンピュータ内部の演算によってディジタルデータとしての音声データを生成する方法で，たとえばディジタルシンセサイザーやボーカロイドなどがこの方法を用いています．

本書では，1 つめに挙げた A/D 変換について説明します．

A/D 変換は，次の 3 つのステップで，アナログの音声信号データをディジタルの音声信号データに変換します.

標本化 → 量子化 → 符号化

標本化

標本化は，連続的な音声信号の振幅を，とびとびの時間で測定し，離散的な振幅値の列に変換するステップで，**サンプリング**とも呼ばれます．アナログの音声信号は図 3.12 のように連続した波のデータですが，ディジタル信号として表す場合は，図 3.12 右のようにサンプリング間隔 ΔT (s) で離散的に振幅の値を記録します．サンプリング間隔の逆数 $f_s = \frac{1}{\Delta T}$ (Hz) を**サンプリング周波数**と呼び，サンプリリング周波数が高いほど，言い換えれば，サンプリング間隔が短いほど，音質はよくなり，データのサイズは増加します．たとえば，通常の CD では 44.1 kHz でサンプリングされたディジタル音声データが使われています♠6.

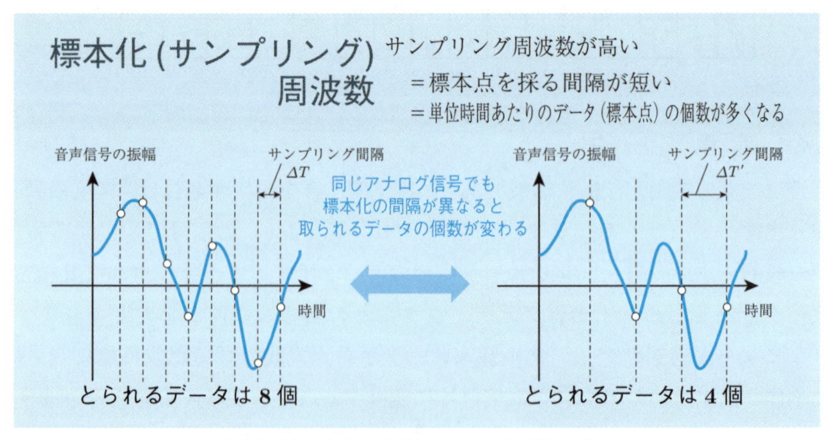

図 3.12 A/D 変換ステップ（標本化）

♠6 人間の可聴域（耳で聴こえる周波数の帯域）は，20〜20000 Hz（20 kHz）といわれています．標本化に関しては**サンプリング定理**というものがあり，サンプリング周波数 f_s (Hz) でサンプリングすると $\frac{f_s}{2}$ (Hz) までのアナログ信号を再現できるため，44.1 kHz = 44100 Hz で標本化を行うと人間の可聴域をカバーできることになります．

量子化

量子化は，標本化のステップで測定した振幅の値を，とびとびの強さで数値として表すステップです．アナログ信号は，振幅の値も連続的であるため，図 3.13 のように，四捨五入や切り捨て，切り上げなどの操作を行い，測定した信号を離散的な数値として表します．このとき，離散的な段階をいくつ設定するかを**量子化ビット数**といいます．量子化ビット数が大きいほど，音質はよくなり，データサイズは増加します．通常，量子化ビット数は整数になるように選ばれることが多く，結果的に 2 のべき乗の段階数で離散化（量子化）されます．コンパクトディスク（CD）の量子化ビット数は 16 ビットで，65536 段階で音の振幅を表しています．

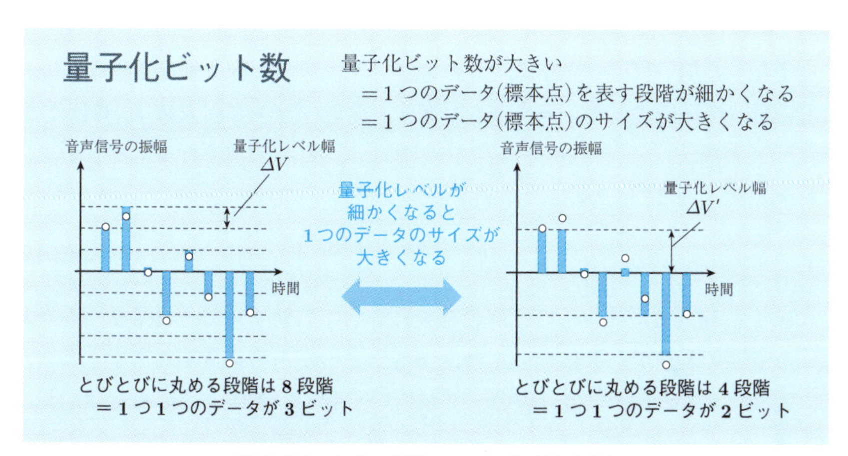

図 3.13　A/D 変換ステップ（量子化）

符号化

符号化は，量子化で得られた離散的な信号値を表現する 2 進数のビット列とするステップです．図 3.14 は量子化ビット数 3 ビットとして，2 の補数を用いて符号化を行った例です．実際の応用においては，音声データの記録／読取りや加工処理の必要性に応じたさまざまな工夫がなされます．

符号化

- 符号化 = 決められた方法で 2 進数で表す
  - 右の例の標本点を 10 進数で書くと 2, 3, 0, −2, 1, −1, −4, −2
- −4 〜 3 の 8 段階 → 3 ビットで表現できる
  - たとえば 2 の補数でマイナスを表すと 010, 011, 000, 110, 001, 111, 100, 110
  - 他にも，一番低い信号を 0 として表すなど，表し方はさまざまである

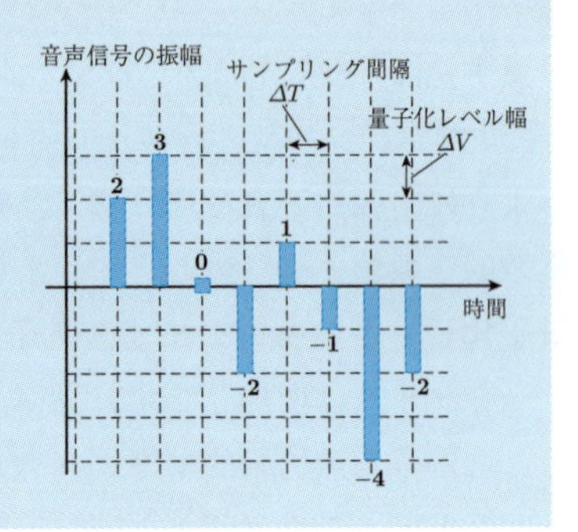

図 3.14 A/D 変換ステップ（符号化）

音声データのサイズ

標本化 → 量子化 → 符号化，のステップで得られた符号列をそのまま並べたものは，無圧縮の音声データとなります．サンプリング周波数 f_s (Hz)，量子化ビット数 b_Q（ビット）で，T（秒）として A/D 変換を行った場合の音声データのサイズ M は次のように計算されます．

$$M = (f_s \times T) \times \left(\frac{b_Q}{8}\right) \tag{3.12}$$

上式は 1 系統（モノラル）の音声データについてのサイズで，日常私たちが耳にする音楽の音声データについては，楽器などの左右の位置が判別できるように，2 系統（ステレオ）の音声データが用いられています．その場合は，以下のように 2 系統分のデータサイズとして計算する必要があります．

$$M = (f_s \times T) \times \left(\frac{b_Q}{8}\right) \times 2 \tag{3.13}$$

3.4.5 画像データ

コンピュータの画像データは，色のついた点の集まり（ピクセル）として画像を表す**ラスタデータ**（ビットマップ）と，幾何学的な描画パラメータの集まりとして画像を表す**ベクタデータ**とに大別されます．ディスプレイへの表示や，紙へのプリントなどの場合，ベクタデータであっても最終的にはなんらかの方法でラスタデータに変換されて処理されます．

図 3.15 左のように，ラスタデータはそれぞれの点を表す数値データが連なっ

たもので，拡大・縮小した場合に画質の劣化が起こります．それに対して，ベクタデータは図 3.15 右のように，画像を構成する図形のパラメータ（この例では三角形の頂点の座標）を保持しており，表示の際にはソフトウェアやグラフィックボードによってラスタデータ（ビットマップ）に都度変換されるため，拡大縮小しても画質の劣化が起こらないという特徴があります．

ただし，たとえば写真などのように，単純な幾何学図形の組合せで表すには適さない画像があることや，ベクタデータでは描画の度にラスタデータへの変換処理が必要となって処理が重くなるということがあり，ラスタデータは主に写真など，ベクタデータは主に製図やコンピュータグラフィックなどの分野でよく用いられています．

以下では，ラスタデータ（ビットマップ）について説明していきます．

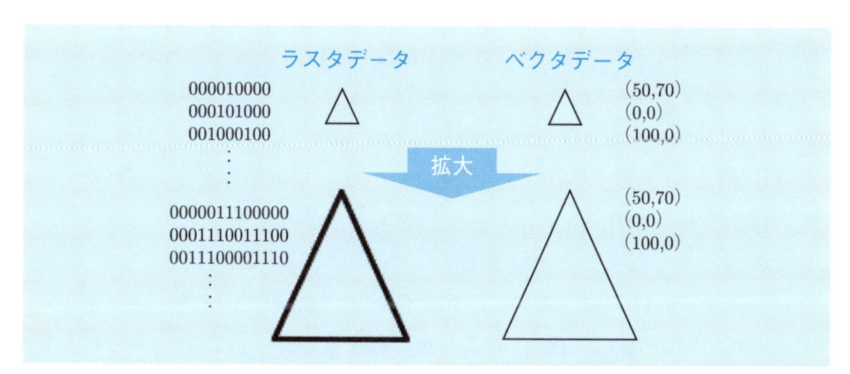

図 3.15　ラスタデータとベクタデータ

ドットとピクセル

ラスタデータは，図 3.16 のように，画像をドットと呼ばれる格子に分割して表します．画像の各ドットは，そのドットが表す色情報をもち，色情報まで含めたものを**ピクセル**（pixel，**画素**）と呼びます．

このとき，同じ長さをより細かく分割すれば画質はよくなりますが，サイズは大きくなります．ある画像のドット数の情報は，横 × 縦の順で分割数を書くことが多く，図 3.16 は，左上の画像を，上側は 6 × 6 ドット，下側は 12 × 12 ドットの画像として表した様子を示しています（図 3.16 では横と縦の分割数が同じですが，一般には異なっていてもかまいません）．

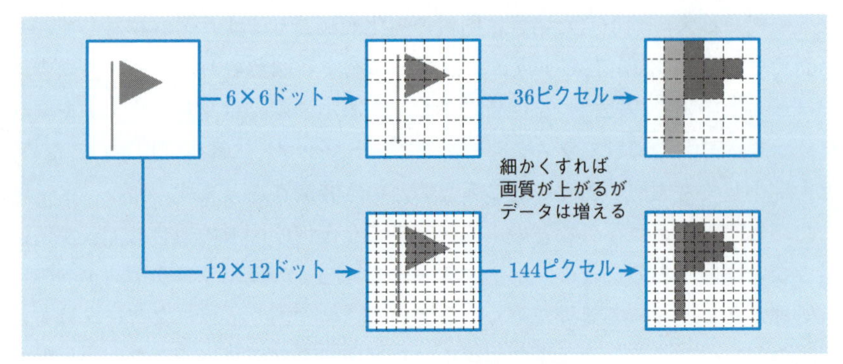

図 3.16 ドットとピクセル

色情報の表し方

画像のピクセルがもつ色情報は表し方によって**白黒 2 値**，グレースケール，カラーなどの数値で表されます．理論上は任意の段階を扱うことができますが，今日のコンピュータでは，1 ビット，もしくは 8 ビット＝1 バイトを 1 まとまりとして扱う形式が多くみられます．

白黒 2 値は，0 を黒，1 を白（逆でもよい）として表す方法で，各ピクセルは 1 ビットで表すことができます．白黒以外でも，異なる 2 色のみを用いる場合は 2 値画像として表すことができます．

グレースケールは，白と黒の中間の灰色を適当な段階を設けて表現する画像です．中間の段階数は任意にとることができますが，一般によくみられるものは明るさを 8 ビットの 2 進数で表し，0 を黒，255 を白として，数値が大きいほど白に近い（小さいほど黒に近い）グレーとして表すものです．2 値画像と同様，白と黒以外でも，たとえば赤と黒など，単色で明るさの段階をもった画像として扱うこともできます．

カラー画像は，色を 3 つの原色（**三原色**）の明るさを示す数値の組として表現されます．原色は人間の眼の色処理に由来するもので，三原色というのは，3 つの色のうち 2 つを組み合わせても残りの 1 つの色を作ることのできない色の組合せのことです．任意の色は，三原色の強度を指定するとその組合せで表すことができます．

コンピュータの画像データの三原色としてもっともよく使われているのものは，赤（Red），緑（Green），青（Blue）の **RGB** と呼ばれるもので，画像データの色情報は，これらの3つの色の明るさを数値として指定することで表現されています．現在普及している画像データでは，赤，緑，青のそれぞれを1バイト，すなわち0から255までの数値で，数値が大きいほど明るくなるように指定して色を表しています．

RGBは光の三原色とも呼ばれ，$R = 255$，$G = 255$，$B = 255$，すなわち，三原色すべてを最大の明るさとすると，白が表現され，$R = 0$，$G = 0$，$B = 0$とすると黒が表現されます．簡単のため，今後は，$R = 255$，$G = 255$，$B = 255$，を，$(R, G, B) = (255, 255, 255)$，あるいは，RGBについて述べていることが明らかな場合には単に$(255, 255, 255)$のように書きます．

図3.17は，RGBを用いた画像データの概念を示したもので，2つのピクセルを拡大して示しています．左側は赤$(255, 0, 0)$のピクセル，右側は黒$(0, 0, 0)$のピクセルで，1つのドットが，赤，緑，青，それぞれの明るさを色情報としてもっており，それがピクセルとして記録されているということです．

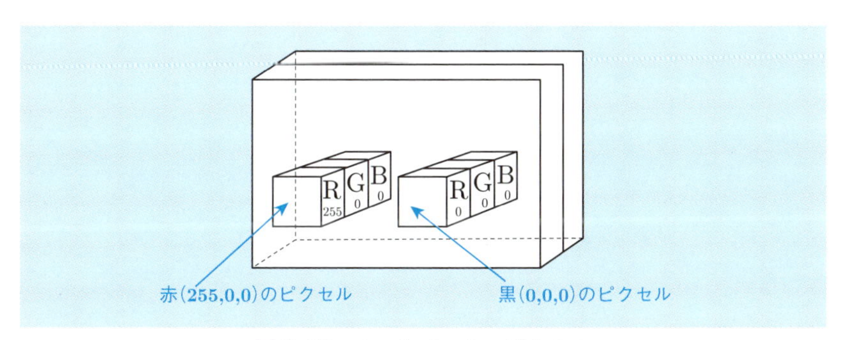

図 3.17 ラスタデータのピクセル

画像データのサイズ

図3.17のように，1ピクセルについてR，G，Bのそれぞれを1バイトで表している場合，1ピクセルを表現するために必要なデータサイズは3バイトということになります．実際の画像データでは，色を表すRGBの3バイトの他に，ピクセルが重なった場合に下の色をどれだけ透過させるかという情報を1バイト付加して扱うことがあり，この情報は**アルファチャンネル**，と呼ばれています．アルファチャンネルを加えた色情報をピクセルにもたせる場合はRGBAと呼び，この場合は，色情報自体の3バイト＋アルファチャンネル1バイトで，

1ピクセルにつき4バイトの情報が記録されています♠7.

画像データを，各ピクセルの色情報の数値を並べた形で表したものは無圧縮の画像データで，**ビットマップデータ**と呼ばれることがあります．ビットマップデータの画像サイズは，(全ピクセル数) × (1ピクセルのデータサイズ)，で求めることができます．全ピクセル数は，縦と横のドット数を掛けることで求まります．すなわち，横 X ドット × 縦 Y ドットで，1ピクセルを B バイトで表した無圧縮の画像データサイズは以下のように計算することができます．

$$G = (Y \times X) \times B \tag{3.14}$$

♠7 RGBは三原色の光を加え合わせて色を表現する**加法混合**と呼ばれる色表現で，ディスプレイなどのように自ら光を発する媒体の場合に使われる三原色です．一方，印刷の場合は印刷物にあたった光が反射する際の吸収の度合いで色を表現する**減法混合**と呼ばれる色表現のため，シアン（Cyan，水色），マゼンタ（Magenta，赤紫），イエロー（Yellow，黄色）のCMYを三原色として使います．カラープリンタのインクやトナーはこれらのCMYの三原色のものが使われています．RGBとCMYとは，比較的簡単な計算で相互に変換することができます．なお，減法混合はすべての色を混ぜ合わせると黒になりますが，印刷物ではCMYのインクなどを混ぜ合わせてもきれいな黒が出しにくいことと，インクなどの消費量を抑えたいということから，K（黒）のインクなどを別にもち，**CMYK**として印刷を行う製品があります．

第4章

コンピュータが動くには

コンピュータは，ハードウェアとソフトウェア，およびそれらによって処理されるデータから構成されます．前章ではコンピュータ上のデータ表現についてみてきましたが，本章ではハードウェアの具体的な構成と，ハードウェアを制御しデータを処理するためのソフトウェアの役割についてみていきます．

4.1 ハードウェア

4.1.1 ハードウェアの構成

コンピュータのハードウェアは，以下に挙げる5つの「装置」から構成されます（図4.1）．

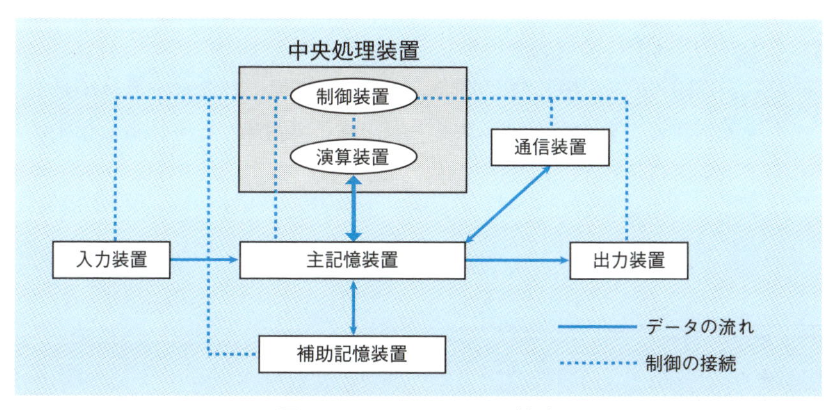

図 4.1　ハードウェアの構成

中央処理装置 プログラムの命令に従って演算を行ったり，入力や出力を指示したりする装置です．**CPU**（Central Processor Unit，または，Central Processing Unit），**MPU**（Mirco Processing Unit），などの略称で呼ばれることもあります．

記憶装置 データやプログラムを格納する装置で，CPU と直接接続されている主記憶装置と，主記憶装置よりも大きな容量をもつ反面，読み書きの速度は主記憶装置より遅い，2 次記憶装置（補助記憶装置，あるいは外部記憶装置ともいう）とがあります．

入力装置 データやプログラムを入力するための装置です．

出力装置 演算（処理）結果を出力するための装置です．

制御装置 各装置を制御する信号を出す装置です．

この他に他のコンピュータと通信を行うための装置である通信装置も用いられます．

以下，それぞれの装置について説明していきます♠[1]．なお制御装置は CPU 内に置かれるため，説明は割愛します．

4.1.2 中央処理装置

中央処理装置（CPU）は，演算処理を行う演算部と，演算処理のために必要な一連の制御を行う制御部とで構成されています．図 4.2 は COMET II と呼ばれる仮想的な CPU の構成を例として示したものです．

一般に，CPU と主記憶装置との間では，プログラムの命令や計算に必要なデータを転送するための**データバス**と，主記憶上の対象データ位置を指定するための**アドレスバス**とを介してデータの転送を行います．**バス**（bus）は，コンピュータ内部で信号をやりとりするために用いられる伝送回路のことです．

♠[1] 伝統的に「装置」という用語が使われていますが，マイクロコンピュータなどでは **SoC**（System-on-a-Chip）といって，1 つの集積回路内に，中央処理装置，記憶装置，通信制御装置がまとめて実装されているものもあります．また，タッチパネルのように入力装置と出力装置を兼ねるデバイスもあり，さらに，仮想化コンピュータではすべての「装置」がソフトウェアで実現されているなどの事情もあって，ここでの「装置」は，コンピュータを構成する「機能」を分類したものと考えてもよいでしょう．

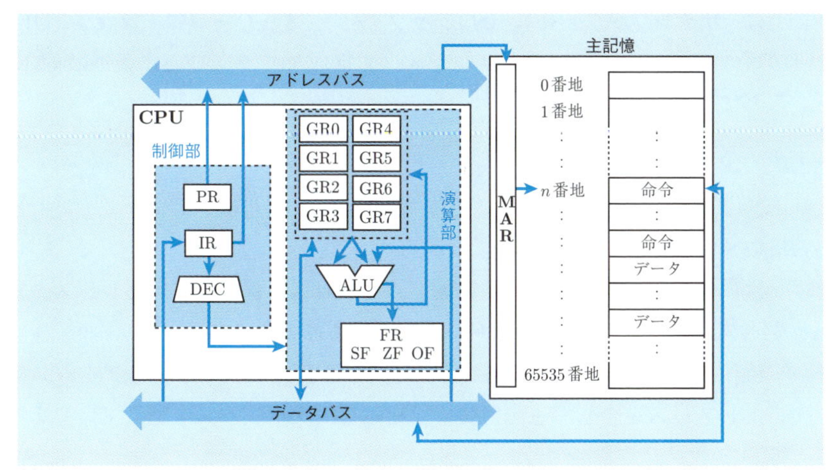

図 4.2 CPU の構成例（COMET II）

演算部

演算部は，CPU の機種ごとに一度に行う処理のビット数が設計上決まっており，そのビット数によって，64 ビット CPU，8 ビット CPU，などのように呼ばれることがあります．最近のパーソナルコンピュータなどでは 64 ビット CPU が主流です．また，組み込みコンピュータなど，工業製品の制御用に使われているマイクロコンピュータでは，4 ビット，8 ビット，16 ビットの CPU も使われています．

演算部は，算術論理演算ユニットと，**レジスタ**（CPU 内の記憶回路）から構成されています．

ALU Arithmetic Logic Unit（算術論理演算ユニット）．コンピュータの演算処理を行う回路そのものです．ALU の処理ビット数が CPU のビット数を決めています．

汎用レジスタ（GR） 算術論理演算のさまざまな命令において，さまざまな用途に使用するこのとできるレジスタです．図 4.2 の COMET II では，GR0 から GR7 までの 8 本ですが，一般に汎用レジスタの本数（個数）は CPU ごとに異なります．

フラグレジスタ（FR） 演算の結果によって変化し，条件分岐命令において分岐条件を判断するために参照されるレジスタです．図 4.2 の COMET II

では，**サインフラグ**（SF），**ゼロフラグ**（ZF），**オーバーフローフラグ**（OF）の3つですが，一般にフラグレジスタの構成やフラグの表す条件はCPUごとに異なります．

制御部

制御部は，**プログラムレジスタ**（PR），**命令レジスタ**（IR），**デコーダ**（DEC），から構成されます．

PR 次に実行すべき命令の，主記憶上のアドレスを保持しているレジスタです．プログラムカウンタ（PC）と呼ばれることもあります．

IR 機械語命令を保持しているレジスタで，PRが保持しているアドレスをアドレスバスを介して主記憶装置に指示し，データバスを通じて命令を取得します．

DEC IRに保持されている機械語命令をデコード（解釈）し，演算部を制御します．

その他

本書では詳しくはとりあげませんが，CPU内には以下のような構成要素があります．

スタックポインタ（SP） レジスタの一種で，サブルーチンの実行時に使われます．

キャッシュメモリ CPUと主記憶装置の動作速度の違いを補うためにCPU内に置かれる記憶回路で，速度と容量の兼ね合いから，L1，L2，L3，など，複数のレベルのキャッシュメモリが用意されます．

4.1.3 記憶装置

主記憶装置

主記憶装置は，CPUと直接データをやりとりすることのできる装置です．なお，「データ」という用語は2通りに使われることがあるため，ここで補足しておきます．

広義のデータ 命令データ，および，狭義のデータ

命令データ **機械語**命令として解釈したとき，意味があり，プログラマの意図した動作を行うことができる2進数値データ

狭義のデータ　機械語命令として解釈できない，または，機械語命令によって処理されることを意図した 2 進数値データ

先ほどの，「CPU と直接データをやりとり」で使われている「データ」は，広義のデータのことです．

主記憶装置は多くのデータを記憶することのできる電子回路ですが，一般的なコンピュータでは，コンピュータの電源を切ると主記憶装置のデータは失われ，この性質のことを**揮発性**（volatile）のメモリといいます．

主記憶装置の各データは，**アドレス**（番地）と呼ばれる連番の数値で指定することができ，CPU との間でデータの読み書きを行う場合，図 4.2 のアドレスバスと呼ばれる回路を通して，主記憶上のどのデータ領域を対象として処理を行うかが決まります．主記憶装置上には，図 4.2 の MAR（Memory Address Register）と呼ばれる記憶回路が置かれ，MAR がアドレスバスからの処理対象アドレスを保持しています．読み書きのデータ内容はデータバスを通して送られ，一般的にデータバスのビット数は CPU のビット数と一致します．

補助記憶装置

補助記憶装置は，**2 次記憶装置**，**外部記憶装置**，などとも呼ばれます．主記憶と比較すると，データの読み書きの速度は遅くなりますが，記憶容量あたりの単価が安く，主記憶よりも大きな容量の記憶装置を用意することができます．一般に補助記憶装置は**不揮発性**（non-volatile）であり，電源を切っても記憶内容は保持されています．また，補助記憶装置の中には，コンピュータの稼働中に取りつけ，取り外しのできるものもあり，**リムーバブルメディア**とも呼ばれます．

以下に，データ記録の原理ごとに補助記憶装置の例を挙げます．

磁気的記憶装置　ハードディスク，フロッピーディスク，磁気テープ（LTO など）

光学的記憶装置　**CD，DVD，Blu-ray**

半導体記憶装置　SD カード，フラッシュ **SSD**，フラッシュメモリ

ここで，CD や DVD などは，CD-R，DVD-RW など，「-R」や「-RW」がついたものも含みます．また，ハードディスクやフラッシュメモリについて，「USB ハードディスク」，「USB フラッシュメモリ」のように「USB」がついた記述もみられますが，「USB」はコンピュータ本体と補助記憶装置との間の接続方式を表しているものです．

4.1.4 入出力装置

入力装置と出力装置は，データやプログラムをコンピュータに入力するための入力装置と，処理結果を，文字や画像，音声，制御，など，さまざまな形で現実世界に出力するための出力装置とをあわせて呼んだものです．現在では，1つの機器に入力と出力の両装置を一体化している製品もでてきているため，ここでは両者をまとめて紹介します．

入力装置

キーボード キーを打鍵する（叩く）ことによって，文字や数字を入力する装置で，アルファベットと記号や数字の並び方は，国や地域によってさまざまなものがあります．日本において一般的なものは英数字と記号が **JIS 配列**と呼ばれる並び方になっていますが，一部では米国式の **ASCII 配列**と呼ばれる並び方のキーボードもあります．

日本語の入力については，ローマ字入力とかな文字入力がありますが，現在ではかな文字入力の利用者数はそれほど多くはないものと推測され，ローマ字を用いた入力が一般的になっています．

光学的文字読取り装置（OCR） Optical Character Reader の略で，紙などに手書きもしくは印刷された文字を光学的に識別し，コンピュータ上の文字データとして入力するものです．数字のみ（郵便番号など），カタカナのみ，など，文字種を限定した用途については実用化されているものがありますが，一般的な，かな漢字，英字などの混在したものについては誤認識率がまだ高く，一般に普及しているとはいえないのが現状です．

光学式マーク読取り装置（OMR） Optical Mark Reader の略で，一般にはマークシート，という呼称も普及しています．マーク位置を読み取るという原理上，OCR よりも実用度が高く，アンケートや試験では広く利用されています．

バーコードリーダ 太さの異なる縦線を横に並べたもの（1次元バーコード）や，正方形の中の格子点の組合せで文字や数値のデータを表すもの（2次元バーコード，**QR** コード）で，さまざまな商品や，インターネット上の Web ページアドレスなどの読取りに広く使われています．

磁気インク読取り装置 磁性体を含む特殊なインクで印刷したものを，磁気の有無を検出することでデータを読み取る装置です．読取りデータは手書きではなく印刷されたものを前提とするため，読取り精度が確保でき，金融関係で実用化されています．

タッチパネル **タッチパネル**は入力装置と出力装置が一体化した製品で，画面上に表示された位置に，指や専用のペンなどでタッチすることで，表示された文字や機能に対応したデータを入力します．タッチパネルの検出原理はさまざまで，以下に主なものを紹介します．

静電容量式 表面に電界を形成したパネルを用い，タッチした部分の電荷の変化によってタッチ位置を検出するものです．投影型の静電容量式タッチパネルでは，複数のタッチ位置を同時に検出する多点検出も可能です．

電磁誘導方式 電子ペンと呼ばれる専用のペンを用い，パネル表面に形成された磁界の中をペン先のコイルが動くことで誘導される信号を読み取るものです．筆圧の感知に優れ，グラフィックデザインの分野などで普及しています．

赤外線方式 赤外線 LED（Light Emitting Diode, 発光ダイオード）を光源として，赤外線の遮断，もしくは反射による変化によって位置を検出するものです．屋外等，周辺赤外光のある環境では使えないなど，制約が多いため，普及は進んでいません．

抵抗膜方式 電気抵抗をもつ透明膜を 2 枚重ねて，一方の膜に電圧を掛けておくことにより，もう一方の膜にタッチした部分の抵抗値の変化によって位置を検出するものです．小面積であれば比較的低コストで実現できることから，小型でコストが優先される機器で用いられています．

マトリクススイッチ式 格子状（マトリクス）に並べた電極を 2 層用い，押した位置の上下の電極が接触することで位置を検出する方式です．タッチパネルの初期に開発された方式で，最近ではあまり使われなくなってきています．

ポインティングデバイス **マウス**や**トラックボール**，トラックパッド，トラックポイント，など，移動量に応じて画面上のポインタ（マウスカーソル）を移動させ，ボタンをクリックすることで，画面上のメニューなどの操作機能を指示する装置です．

各種画像入力装置 デジタルカメラ, **web** カメラ, など, CCD（Charge Coupled Device）や CMOS（Complementary Metal-Oxide Semiconductor）と呼ばれる撮像装置を用いて写真や動画などのデータを入力する装置です.

出力装置

ディスプレイ（モニタ） **ディスプレイ**は, 画素（ピクセル）と呼ばれる, 色情報をもった画面上の細かな点の集まりとして画像や文字を表示する装置です. 表示方式として, かつては陰極線管（Cathode Ray Tube）を用いた **CRT** と呼ばれる方式の装置が主流でしたが, 現在は液晶ディスプレイ（Liquid Crystal Display：**LCD**）によるものに置き換わってきています. CRT はその原理上, ある程度の奥行きが必要で, 大画面のものでは重量もかさみましたが, LCD は薄型とすることができ, 個人用の端末で利用されるサイズでは十分に軽いものが実用化されています.

プリンタ **プリンタ**は文字や画像を紙に印刷するための装置です. 印刷に用いるデータはラスタデータで, ピクセル（色情報を伴ったドット）をさまざまな方法で紙などの印刷媒体に描画することで文字や画像を表現します. なお, ベクタデータを印刷するための装置としてプロッタと呼ばれる出力機器があり, 技術的にはプリンタとは異なるものですが, 本項であわせて説明します.

インパクトプリンタ **インパクトプリンタ**は, 縦に並んだ微小な印字ピンを備えたプリントヘッドが横方向に移動しつつ, インクを含んだインクリボンを叩くことによって文字や図形を構成するドットを印字していく, **ドットインパクタ**と呼ばれる方式が主流です. 主に文字を印刷する用途に使われ, 1行ごとに印字を行う**ラインプリンタ**の一種です.

印刷の速度は後述するレーザープリンタなどと比較すると低速で, 左右に用紙送りのための孔が備わった印刷用紙が必要であるなどのデメリットがありますが, ドットを叩いて印刷することから, 宛名票のように筆圧で複写する用紙への印字にも対応することができ, 物流業界などでは一定の需要がある方式のプリンタです. プリンタの分類の1つとして, インパクトプリンタと, 叩かずに印刷するノンインパクトプリンタとにプリンタを分類することがあります.

サーマルプリンタ 加熱したヘッドでインクを溶融させて転写する方式と,

熱に感応して発色する専用の用紙（**感熱紙**）を用いる方式とがあり，1行ごとに印字を行うラインプリンタの一種です．インクを溶融させる方式の場合，ドットインパクタプリンタと同様にインクリボンを必要とします．

感熱紙を用いる方式の場合，インクリボンは不要で，用紙の交換のみでインクリボンの交換が不要なことから，店舗のキャッシュレジスタにおいてレシートを印刷するなどの用途において広く使われています．

インクジェットプリンタ インクを吹きつけることによって印刷を行う方式のプリンタで，ラインプリンタに分類されます．1つのピクセルについて吹きつけられるインクの量は，現在普及している市販品では数ピコリットル（pL = 1兆分の1リットル）です．プリンタ本体の価格がレーザープリンタと比較して安価であり，家庭用のプリンタとして普及しています．

レーザープリンタ **トナー**と呼ばれる微粉末を静電気で引きつけて熱で定着させるプリンタで，ページ単位で処理を行うため，**ページプリンタ**という分類名で呼ばれることがあります．ラインプリンタと比べ，ページ単位で処理を行うことから印刷速度を高めやすく，大量の印刷を必要とする会社や学校などでよく使われています．

プロッタ ベクタデータ（直線や幾何図形の端点，幾何曲線の描画パラメータなど）を用い，専用のペンなどを駆動して描画を行う装置です．正確にはプリンタとは異なる分類ですが，原理的に拡大縮小に強く，CAD（Computer Aided Design）など精細度を必要とする製図的な用途や，ビットマップデータをベースとするプリンタが比較的苦手とする大きな用紙への描画などでは一定の需要があります．

4.1.5 通信制御装置

Ethernet（イーサネット）

Ethernet は，有線でインターネットに接続するための構内（宅内）配線の通信規格です．Ethernet の規格に定められた手順で通信を行うための装置が Ethernet コントローラで，Ethernet ケーブル（日本ではしばしば**LAN ケーブル**と呼ばれる）を使用して他の機器と接続します．OSI（Open Systems Interconnection）参照モデルのレイヤ2にあたります．

Ethernet ケーブルは，原理的にはコンピュータ同士の対向接続も可能ですが，通常は**スイッチングハブ**（switching hub），あるいは単に**ハブ**（hub）と呼ばれる集約用の機器を用意し，複数のコンピュータや周辺機器を接続して通信を行います．

現在，エンドユーザ向けに普及している Ethernet ケーブルは，**UTP**（Unsheild Twisted Pair）ケーブルと呼ばれるタイプのもので，通信速度は 1 Gbps，最大長は 100 m の規格のものです．最大長はハブを多段化することで延長することができます．

Ethernet はコンピュータ同士の通信を行うためのもっとも基本的な手段を提供しており，インターネットに接続するための通信規格である TCP/IP（Transmission Control Protocol/Internet Protocol）も，最終的には Ethernet を用いてデータパケットをやりとりしています．

Ethernet で通信対象を指定するためのアドレスは MAC アドレス（Media Access Control）アドレスと呼ばれる 6 バイトのアドレスで，TCP/IP 通信に用いられる IP アドレスに対して，対応する機器の MAC アドレスを紐づけることで，特定の IP アドレスをもつ機器の TCP/IP 通信を端末レベルで終端することができます．

Wi-Fi（ワイファイ）

Wi-Fi は，ケーブルを用いず無線通信によって Ethernet 通信を行うための通信規格で，Wi-Fi 通信を行うための装置が Wi-Fi コントローラです．通信のレイヤ（層）としては Ethernet と同様，OSI 参照モデルのレイヤ 2 の通信です．Wi-Fi は無線 LAN と呼ばれることもありますが，IEEE が規定している 802.11 という番号のついた規格に準拠した無線 LAN 機器が Wi-Fi と表示することができる機器です．

Wi-Fi には，使用される電波の周波数帯として 5 GHz 帯と 2.4 GHz 帯の 2 つがあり，それぞれの周波数帯において，電波環境や使用できる通信規格に違いがあります♠2．Wi-Fi で使用される電波の周波数は，屋内での使用については

♠2 屋外で使用するためには，使用する周波数によって電波使用の免許を総務省から受ける必要があること，一部の電波チャンネルでは気象レーダーとの干渉を避けるための措置が必要であること，などの制限がある部分もあります．

免許不要，屋外でも 5 GHz 帯の一部を除いて免許不要です．

Wi-Fi の通信規格である 802.11 は，時代とともに高速化と高機能化が図られアップデートされてきており，たとえば 802.11a，802.11n，のように呼ばれています．しばしば，802 を省略し，11a，11n，のように呼ばれることもあるため，以下では 802 を省略して説明します．また，802.11 規格の全体を説明することは本書の範囲を超えるため，一般の企業や大学，家庭などで使われている規格に限って話を進めます．

5 GHz 帯　**5 GHz 帯**は，Wi-Fi 以外にこの周波数帯を使用する機器が少ないため，他からの電波干渉を受けにくく，また，一般に **2.4 GHz 帯**よりも高速な通信が可能になっています．反面，2.4 GHz 帯に比べて電波の直進性が高く回折性が低いことから，遮蔽物（壁など）や障害物の影響は受けやすくなります．

5 GHz 帯で使用される 802.11 規格は，11ac（最大 6.9 Gbps），11a（最大 54 Mbps），11n（2.4 GHz と共通，最大 600 Mbps）です．

2.4 GHz 帯　2.4 GHz 帯は，近接した周波数を用いる Wi-Fi 以外の機器が比較的多く，それらの機器からのノイズの影響を受けやすい反面，直進性は 5 GHz 帯よりも低く回折性が高いため，障害物からの影響は相対的に受けにくくなります．

2.4 GHz 帯で使用される 802.11 規格は，11b（最大 11 Mbps），11g（54 Mbps），11n（最大 600 Mbps，5 GHz と共通）です．

なお，5 GHz 帯，2.4 GHz 帯とも，通信速度の最大値は規格上の最大値であり，通信条件や機器の設計によって実際の通信速度にはばらつきがあります．

Bluetooth

Bluetooth は，近距離無線通信のための規格で，免許不要の 2.4 GHz 帯の電波を使用し，典型的には数 m，最長で数十 m 程度離れた機器同士で通信を行うことができます．電波の指向性は低く，ほとんどの場合，機器同士の向きを気にすることなく通信を行うことができます．

Bluetooth にはさまざまな用途を想定したプロファイル（具体的な通信規格）がありますが，代表的な用途として，キーボードやマウス，ゲームパッドなどの **HID**（Human Interface Device），スピーカーやヘッドホン，ヘッドセットなどのオーディオインタフェース，など，近距離で無線を介した入出力機器とのインタフェースとしての応用がみられます．

USB

USB (Universal Serial Bus) はパーソナルコンピュータなどのホスト機器と周辺機器との接続方式として広く普及している方式です．規格上，1つのホストに対して接続できる周辺機器は最大127台となります．USBは，データ転送の他に5Vの電圧で周辺機器への電力を供給する給電機能も備えています．ホスト機器が備えるUSBの接続ポート数を超える数の機器を接続するときには，**USB**ハブと呼ばれる分岐用の周辺機器が用いられます．ハブは最大で5台まで接続することができます．

現在，広く普及しているUSBの規格はUSB2.0とUSB3.0で，データの最大転送速度と給電能力，最大伝送距離に違いがあり，USB2.0では480Mビット/秒，500mA，5m，また，USB3.0では5Gビット/秒，900mA，3m，のようにそれぞれなっています．

USBの接続に用いられる機器のコネクタは，ホスト機器側がTypeA，周辺機器側がTypeB，という規格に従って作られており，形状が異なります．また，TypeA，TypeBともに，より物理的サイズの小さなminiA，miniB，microA，microBも使われており，機器の大きさによって使い分けられています．USBは，通信規格としては，異なるバージョンの規格同士であっても互換性があり，低いバージョンの規格に合わせた動作となります．しかし，コネクタ形状については，TypeAなどはUSB1.0～USB3.0まで物理的に挿入が可能ですが，TypeBはUSB3.0で形状が変更されたため，物理的に挿入不可能となっています．また，最近ではUSB3.1，およびUSB3.2がリリースされており，これらについてはType-Cという形状が使われています．

なお，USB規格はホスト機器と周辺機器とを接続するための規格ですが，周辺機器同士を接続するための拡張規格として**USB OTG** (On-The-Go) という規格が定められており，スマートフォンやタブレット端末などでUSB機器を周辺機器として用いるためにはこの規格が使われます．

4.2 ソフトウェア

4.2.1 ソフトウェアの分類

コンピュータのソフトウェアは，**OS**（Operating System）とアプリケーションに分類されます．狭義の OS はコンピュータのさまざまな資源を管理し，アプリケーションからの資源利用の効率化などを目的としたプログラムの集合体ですが，これらに加えて基本的な処理を行うアプリケーションを含めたものを広義の OS と呼ぶこともあります．

アプリケーションはユーザが利用するさまざまなソフトウェアのことで，OS が用意する各種機能を利用するための仕組みである **API**（Application Programming Interface）を介して，OS が管理する各種資源を利用しています．アプリケーションの中でも，他のアプリケーションからよく利用される機能をまとめて提供するものを**ミドルウェア**といい，ミドルウェアが提供する機能を利用するための仕組みも API と呼ばれます．

4.2.2 OS

OS の種類

OS は，その目的や利用形態によりさまざまに分類されます．代表的なものを以下に挙げます．

ユーザ数

シングルユーザ OS　ユーザが 1 人のみ存在できる，あるいはユーザの概念が存在しません．初期のパーソナルコンピュータなどではこの分類に属する OS が使われていました．

マルチユーザ OS　ユーザが複数存在できます．ユーザごとに資源へのアクセス権限を設定できることが一般的です．Windows，Mac OS，Linux などはこの分類です．

タスク管理

シングルタスク OS　1 つのソフトウェアを実行している間は，他のソフトウェアを実行することができません．初期のパーソナルコンピュータなどではこの分類に属する OS が使われていました．

マルチタスク OS　ソフトウェアの処理をタスクと呼ばれる処理単位に分

割し，OSがタスクの切り替えを行うことで，みかけ上複数のソフトウェアが同時実行できるようにしています．Windows，Mac OS，Linuxなどはこの分類です．

利用形態・利用目的

デスクトップOS パーソナルコンピュータなど，GUI環境で個人が使うことを主な用途として想定しているOSで，クライアントOSとも呼ばれることがあります．個人ユーザが購入するWindowsマシンやMacBookなどに搭載されるOSが代表的です．

モバイルOS スマートフォンやタブレット端末など，キーボードやマウスを前提とせず，タッチパネル操作を主とした操作方法として想定した使い方にフォーカスしたOSです．

サーバOS サーバOSは，多数のクライアントが接続するサーバを安定的かつ効率的に運用することに重きを置いたOSです．デスクトップOSやモバイルOSとは想定する用途が異なり，多数のネットワーク接続を受けつけられること，多数のクライアントからのデータアクセス要求に対してパフォーマンスを落とさないこと，などに重点が置かれています．

組込みOS 家電製品や輸送用機器（自動車や航空機など），携帯情報機器など，さまざまな工業製品に組み込まれているコンピュータで使われるOSで，英語表記はEmbedded OS（embed：埋め込む）です．組込み対象の性質に応じてさまざまな特性が要求されます．たとえば自動車のエアバッグ制御のように一定の時間内に反応しなければ危険な場合，タスク管理において 規定の時間内に実行できることを優先する機能をもたせます．こうしたOSは，**リアルタイムOS**（**RTOS**：Real-Time OS）と呼ばれます．

OSの役割

OSは，図4.3のようにユーザやアプリケーションと，コンピュータのハードウェアとの間に位置し，ハードウェアやソフトウェアの資源管理を行います．OSの主な機能は以下のようになります．

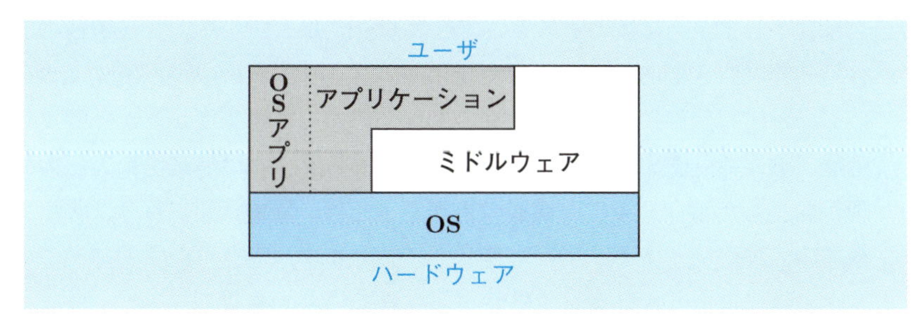

図 4.3 OS とアプリケーション，ミドルウェア

プロセス管理　本項では，コンピュータ上で実行されているソフトウェアをプロセスと呼びます．ある**プロセス**は一般に複数の処理の組合せで構成されており，個々の処理のことを**タスク**と呼びます．

現在はマルチタスクで動作する OS が普及していて，複数のタスクを切り替えながら処理することで，複数のプロセス（プログラム）が，みかけ上同時に実行されているようにすることが一般的です．また，あるタスクの入出力処理をしている間は，そのタスクに関する CPU の処理は待たされることになるため，他のタスクの処理を CPU に行わせることで計算資源の有効利用を図ることができます．

図 4.4 は，マルチタスク OS のプロセス管理の概念を単純化して示したものです．ソフトウェアが OS から起動されてプロセスが開始し，プロセスを構成するタスクが順次実行され，必要な処理がすべて終わるとプロセ

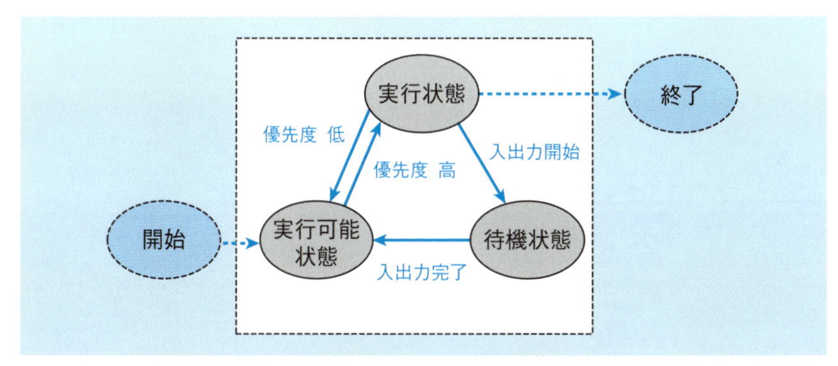

図 4.4 プロセスの状態遷移

スは終了します．複数のタスクの実行はOSによって制御され，CPUの実行可能枠に空きがあれば，実行可能状態にあるタスクの中から優先度の高いものが実行状態に移り，タスクの処理が終わると優先度が下がって実行可能状態に移ります．ただし，実行状態にあるタスクの処理中に入出力処理が発生した場合，入出力機器の処理完了を待つ待機状態に移り，入出力機器の処理が完了すると実行可能状態に移ります．実行可能状態にあるタスクの優先度もOSによって随時更新されていきます．

図4.5は，入出力待ちがない場合のタイムシェアリングによるマルチタスクのイメージで，A，B，Cの3つのプロセスがあるとき，図上のようにそれぞれを順次処理する方法に比べ，図下のように，タスクごとに切り替えて扱

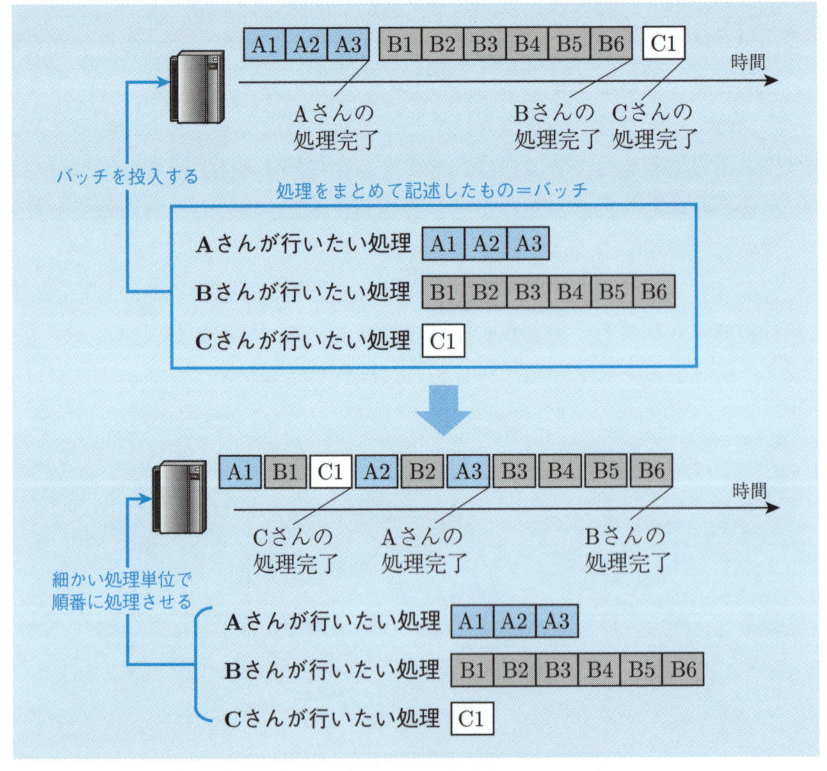

図4.5　タイムシェアリングによるマルチタスク

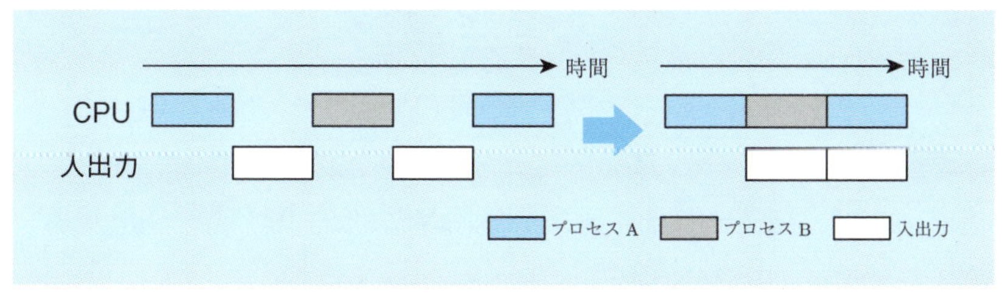

図 4.6 入出力待ちの有効利用

うことで，みかけ上，A, B, C の処理が並行して進んでいるようにみえます．入出力待ちがある場合，図 4.6 の左のように，あるプロセスが処理待ちの間，CPU が何もしない状態でいるよりも，図右のように入出力待ちの間に他のプロセスのタスクを実行する方が CPU 資源の利用効率が高くなります．

メモリ管理 本項では，ソフトウェアの実行に使われる記憶領域をメモリと呼びます．ソフトウェアを実行するには，機械語命令や処理対象データが記憶領域内にロードされて（読み込まれて）いる必要があります．

記憶領域の物理的な実体は主記憶装置であり，コンピュータごとに一定の記憶容量をもち，アドレスによってデータの読み書きを行うことができます．現代的なマルチタスク OS では複数のソフトウェアが並行して動作しているため，OS が各ソフトウェアのプロセスに対して記憶領域を割り当て，プロセスが終了すれば記憶領域を解放して再利用するという管理を行っています．また，それぞれのプロセスが，他のプロセスに割り当てられた記憶領域に干渉することを防ぐ**メモリ保護**の機能も OS が担っています．

一般に個々のソフトウェアは連続したアドレス領域に格納されて動作するようになっていますが，多数のソフトウェアを同時並行で動作させる場合，一定量の主記憶域の中で連続したアドレス空間をそれぞれのソフトウェアに割り当てようとすると，アドレス領域の再配置や無駄な領域の発生などが起こり，非効率的になります．そのため，現代的な OS では，**仮想記憶**という仕組みによってメモリ管理を行っています．

図 4.7 は仮想記憶の仕組みを模式的に示したもので，プロセス A の記憶域は，実記憶域では 2 つのブロックにわかれて確保されていますが，OS がこれらを仮想記憶域上で 1 つの連続した記憶域としてアクセスできるよう

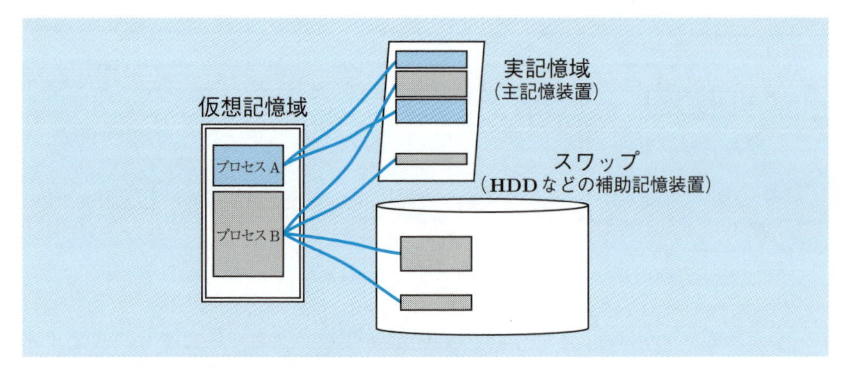

図 4.7　仮想記憶域と実記憶域，スワップ領域

にしています．また，仮想記憶域は主記憶装置とともに補助記憶装置を併用することもでき，これによって主記憶装置が不足した場合にも対処できるようになっており，この機能は**スワップ**，あるいは**ページング**と呼ばれます．

図4.7ではプロセスBの記憶域の一部がスワップ領域と呼ばれる補助記憶装置上の領域に確保されています．CPUから直接アクセスできる記憶域は主記憶装置のみですから，プロセスの実行中に，スワップ領域上に置かれているデータが必要になった場合は，主記憶装置上のデータとの入替えが起こります．補助記憶装置は主記憶装置よりも読み書きが遅いため，この入替えが起きるとコンピュータの動作速度が低下します．

入出力管理　コンピュータにはさまざまな入出力装置が接続されていますが，ある1つの入出力装置に対して複数のプロセスから利用要求があった場合，それぞれの入出力装置は同時には1つの要求を処理することしかできません．そのため，各プロセスからの入出力処理の要求はOSを通して行い，OSが処理の順序を管理し，それぞれの処理結果を要求のあったプロセスにわたします．処理順序の管理としては先入れ先出し（**FIFO**：First In First Out）がよく用いられますが，何らかの方法で優先度を設定することもあります．

ファイル管理　コンピュータで扱われるデータやソフトウェアは，ファイルと呼ばれる単位で補助記憶装置上に置かれています．ファイルのサイズや，補助記憶装置上での格納場所などの情報を集めたものをファイルディレクトリといい，ファイル自体とあわせて補助記憶装置上に置かれます．ファイルディレクトリは，複数のファイルを分類して扱うためのフォルダ，あるいは**ディ**

レクトリと呼ばれる情報も保持しています．ファイルディレクトリによって管理される単位を**ボリューム**と呼び，ボリュームと，ファイル名とを指定することで，OSは特定のファイルにアクセスすることができます（図4.8）．

また，マルチユーザOSでは，ユーザやユーザのグループがファイルに対して行うことのできる操作，すなわち，ファイルに対する権限についての情報（**アクセスコントロールリスト，ACL**）もファイルディレクトリに保持します．アクセスコントロールリストで設定される権限の粒度（細かさ）はOSごとに異なりますが，読取り（read），書込み（write），実行（execute），の3つの権限は基本的なものであるため，ほとんどのOSで設定できます．

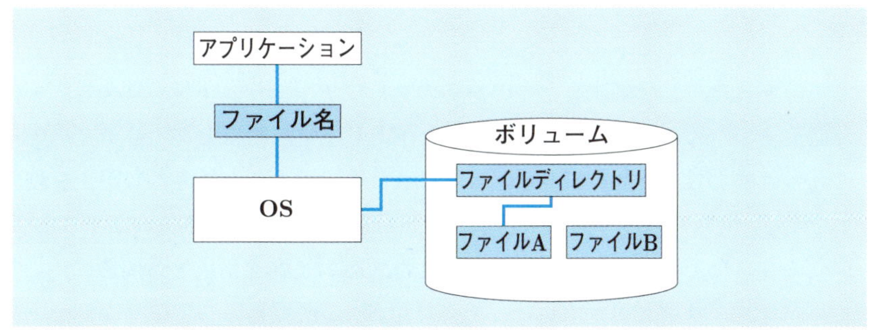

図4.8 ファイルとファイルディレクトリ

システム管理 OSは，コンピュータ資源の運用状況や，システムやアプリケーションからのメッセージ（開始，終了，処理内容や警告，異常終了など），また，セキュリティ面の堅牢性，など，良好なサービスを維持するためにシステム全体の状態を把握し，必要に応じて記録する機能をもっています．

資源の運用状況として代表的なものは，CPUやメモリの利用率，ハードディスクなど補助装置の空き状況や入出力率，ネットワークの利用率などが挙げられます（図4.9はWindowsのリソースモニタ）．システムやアプリケーションからのメッセージは**ログ**（log）と呼ばれることもあり，Windowsではイベントログと呼ばれるデータベース，Unix系のOSでは/var/logなどのログディレクトリに記録されます（図4.10は，Windowsのイベントビューア）．これらの情報は，コンピュータ資源の増設やアプリケーションの設定調整などに用いられます．

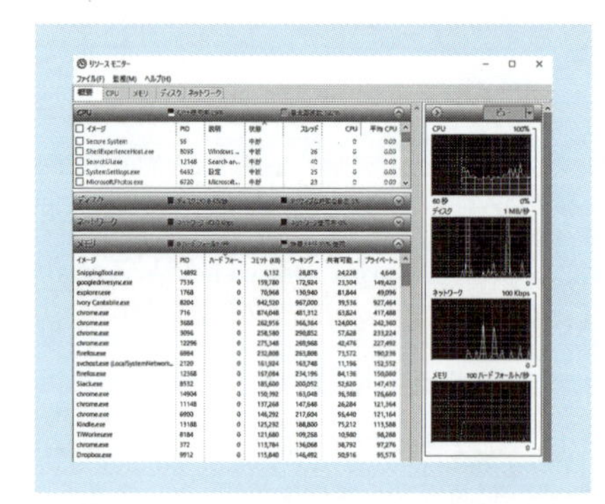

図 4.9　Windows のリソースモニタ

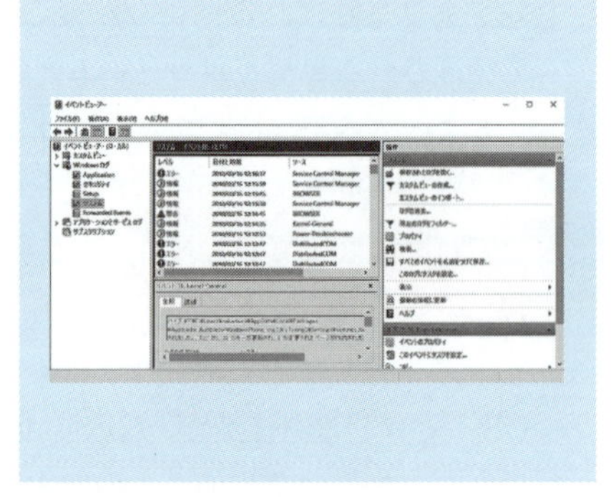

図 4.10　Windows のイベントビューア

また，コンピュータの OS やアプリケーションは，導入後に判明した動作上の不具合や，新機能などへの対応のために**アップデート**（不具合対応や機能追加のための更新）が行われることがあります．特にセキュリティ上の不具合は**脆弱性**（vulnerability）と呼ばれ，放置するとシステムに不正な侵入を受け，情報の漏洩や踏み台攻撃への悪用などの深刻な事態につながります．

こうしたアップデートに対応するため，OS は OS を構成する要素についてバージョン管理とアップデートの有無を調べ，必要に応じてアップデートを適用する機能を備えています．アプリケーションについてはアプリケーションごとにアップデートに対応することが基本ですが，一部のアプリケーションについては OS のアップデート管理に含めて扱われることもあります．

4.2.3　アプリケーションソフト

コンピュータで動作するソフトウェアのうち，狭義の OS 以外のものは広義の**アプリケーション**として分類されます．アプリケーションは，図 4.11 のように，ユーザとデータをやりとりするための **UI**（User Interface，ユーザインタフェース）をもち，OS とは API を通じてデータのやりとりを行います．ユーザは，（OS 自体の管理調整のような特別な場合を除いて）アプリケーションから API 経由で OS の機能を呼び出して利用します．

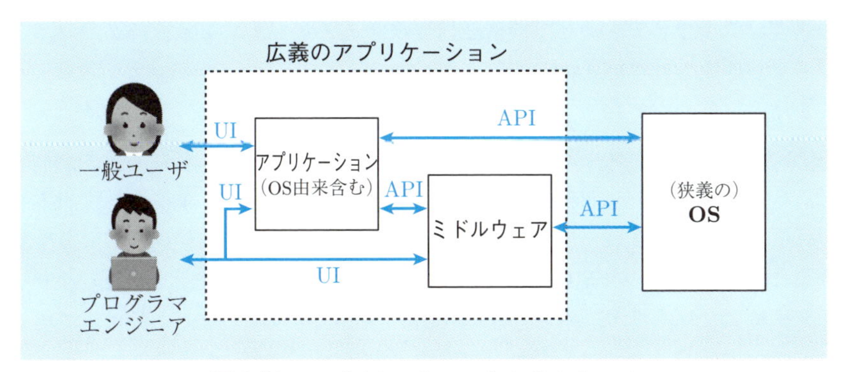

図 4.11　アプリケーションとミドルウェア

4.2.4　ミドルウェア

アプリケーションの中には，他のアプリケーションから呼び出されて何らかの機能を提供するものもあります．そうしたアプリケーションは**ミドルウェア**（middleware）と呼ばれ，この場合の呼び出しインタフェースも API と呼ばれます．ミドルウェアの例としては，関係データベースシステム（Relational DataBase System：**RDBS**）が挙げられます．

RDBS は，主として一般のユーザが操作するアプリケーションから，API を通してデータベースの検索や更新の要求を受け取り，必要な結果の返却や更新を行う，という動作を行います．すなわち，一般のユーザが UI を通して RDB を直接操作することは想定しておらず，OS のように他のソフトウェアに対して機能提供することが主であることから，アプリケーションと OS との間に入るというイメージでミドルウェアと呼ばれています．なお，プログラマやエンジニアのようなユーザは，RDB 自体を設定・管理するための UI を操作することもあります．

4.2.5　OSS

コンピュータのソフトウェアは，CPU ごとに定められた機械語で書かれています．機械語は人間にとって可読性が低く，また，CPU の 1 つ 1 つの動作をすべて指示しなければならないため，ソフトウェアの作成においては，人間にとって可読性の高い各種の**プログラミング言語**を用います．すなわち，プログラミング言語で書かれた**ソースコード**を，**コンパイラ**や**アセンブラ**といった言

語処理ソフトウェアを通して**機械語**に変換することで，コンピュータのソフトウェアが作成されています．変換されて生成された機械語のプログラムは，バイナリコード，実行形式，などと呼ばれます．

OSS（Open Source Software）は，ソフトウェアのうち，ソースコードが公開されていて，目的を問わずにソースコードの再利用（修正を含む）や再配布が許可されているソフトウェアを指す呼称です．ソフトウェアは知的財産権の対象となるもので，OSSの要件を満たすためには権利者の許諾が必要となります．一般にフリーウェアや**PDS**（Public Domain Software）と呼ばれているものの中にはバイナリコードのみが自由に利用できるものがあるため，そうしたソフトウェアはOSSの定義にはあてはまらないものとなります．

OSSは，プログラムのバイナリコードのもととなるソースコードが公開されていることから，プログラムが行う処理の検証を容易に行うことが可能で，不正な処理や脆弱（ぜい）性の有無を検証することができます．また，同じ理由から有志による改良を進めることもできるため，良質な開発コミュニティが形成・維持されうる場合には，機能改良や脆弱性への対応などにもメリットが得られます．もちろん，こうしたメリットは，逆にソースコードの解析から脆弱性を悪用できる可能性や，開発コミュニティの衰退からソフトウェアが維持できなくなる可能性もはらんでいることには注意が必要です♠[3]．

♠[3] OSSの厳密な定義は，歴史的な経緯からいくつかの考え方が並立していますが，日本ではOSI（Open Source Initiative）の定義が総務省によって参照されています．

第5章 プログラムが動くには

コンピュータを多様な目的のために活用するには，コンピュータにその目的を実現させるために必要な処理手順を伝達する必要があります．その伝達に利用されるのがコンピュータプログラム（以下プログラム）です．このようなプログラムにはさまざまな書き方があり，その書き方に応じたプログラミング言語が存在しています．また，プログラミング言語で書かれたプログラムは，言語プロセッサによりコンピュータが解釈可能な形式に変換されます．本章では，言語プロセッサの種類，代表的なプログラミング言語の概要を学習するとともに，プログラミング言語の１つであるCASLによるプログラムの方法を学習します．

5.1 言語プロセッサの種類

コンピュータ言語で書かれたプログラム（ソースコード）は，人間にとって理解しやすいように記述されており，コンピュータは直接このプログラムを理解することができません．言語プロセッサは，このプログラムを，コンピュータが直接解釈・実行できる機械語による表現（オブジェクトコード）に変換します．言語プロセッサにはいくつかの種類があり，本節では，代表的な言語プロセッサを紹介します．

5.1.1 アセンブラ

アセンブラ（assembler）は，代表的な低水準プログラミング言語（低級言語）であるアセンブリ言語で記述されたソースコードを，オブジェクトコードに変換するソフトウェアです．アセンブリ言語は命令などの仕様が機械語と一対一に対応しています．アセンブリ言語のソースコードを機械語に変換する工程をアセンブルと呼びます．アセンブルによって，命令語をプロセッサの命令コードに置き換えたり，マクロを展開したり，シンボル名を実際の値やメモリアドレスに置き換えたりすることができます．

5.1.2 コンパイラ

コンパイラ（compiler）は，高水準プログラミング言語（高級言語）で記述されたソースコードを，オブジェクトコードに一括して変換するソフトウェアです．高級言語は，命令などの仕様が通常複数の機械語と対応しています．高級言語のソースコードを機械語に変換する工程をコンパイルと呼びます．コンパイルによって生成されたオブジェクトコードは，そのままでは実行可能でない場合が多くあります．リンカなどによって，ライブラリなどと結合されることにより，実行可能な形式のプログラムファイルが生成されます．

5.1.3 インタプリタ

インタプリタ（interpreter）は，高水準プログラミング言語（高級言語）で記述されたソースコードを，1行ずつ解釈して実行していくソフトウェアです．ソースコードを修正しただけで実行することができるため，プログラム開発時においては，修正がうまくいったかどうかを素早く確認することができます．一方，単純な実装のインタプリタでは，実行時にプログラムの各行を毎回解析する必要があるため，その実行に時間がかかります．比較的小規模なプログラムの開発に利用されることが多くなっています．

5.2 代表的なプログラミング言語

これまでに数多くのプログラミング言語が登場してきましたが，本節では，歴史的に重要であったプログラミング言語や，現代において活用されている代表的なプログラミング言語を簡単に紹介します．

FORTRAN　IBMのメインフレーム704用のプログラムを記述するためのプログラミング言語として1950年代に開発が始まった言語です．1956年にFORTRANの最初のマニュアルが作成され，1957年にそのコンパイラが開発されています．多数の数学関数をサポートすることにより，科学技術計算を行うプログラムの作成に適しています．

COBOL　共通の事務用プログラミング言語として，CODASYL（the COnference on DAta SYstems Language）が中心となって開発したコンピュータ言語です．1959年に言語仕様が開発され，CDASYL-60として1960年にその発行がなされています．英語に近い表現でプログラムを記述することができ，金融分野における採用例が多く存在しています．

ALGOL　1950年代後半にヨーロッパの研究者を中心とするグループが開発したプログラミング言語です．教科書や学術論文などにおいて，問題解決の処理手順を示すアルゴリズムの記載に活用されていましたが，商用での利用はそれほど進みませんでした．現在の手続き型のプログラミング言語に大きな影響を与えています．

PL/I　IBMが1965年に開発したプログラミング言語で，ISO（International Organization for Standardization（国際標準化機構））によって1979年に標準化がなされています．FORTRAN，COBOL，ALGOLといった当時隆盛を極めていた言語を吸収した壮大な言語仕様となっています．主にIBMの大型機で活用されていました．

PASCAL　チューリッヒ工科大学のNiklaus Wirth（ニクラウス・ヴィルト）によって開発されたプログラミング言語です．数理的に厳密なプログラミング言語が求められていた1960年代当時，その代表格であったALGOLの仕様はあまりにも大きなものになっていました．このような背景の下，コンパクトにまとまった厳格な文法をもったプログラミング言語として開発されています．

BASIC 初心者用のプログラミング言語として1964年にダートマス大学によって開発されたプログラミング言語です．多くのメーカによって独自の拡張がなされており，多数の派生言語が存在します．その中でもMicrosoft社によって開発されたVisual Basicは，Windowsの進化を取り入れることにより，強力に成長しています．

C/C++ 1972年にAT&Tベル研究所によって開発されたコンピュータ言語です．OSの1つであるUNIXを記述するための言語として利用されたこともあり，世界的にも広く普及しています．操作手順よりも操作対象に重点を置いたオブジェクト指向の概念を取り入れることにより，C++へと拡張がなされています．

LISP 計算の実行を関数への引数の評価と適用といった形式でモデル化した，ラムダ計算の影響を受けたプログラミング言語です．ソースプログラム自体がリストからできています．人工知能（Artificial Intelligence：AI）という言葉の提唱者であるJohn McCarthy（ジョン・マッカーシー）によって開発されたこともあり，人工知能研究の分野で多く使われていました．

Prolog 数理論理学における論理の数学的モデルの1つである一階述語論理に基づいたプログラミング言語です．計算の原理が推論に基づいているため，計算の実行は論理式を論理推論することと同じになります．1982年にスタートした通商産業省（当時）の国家プロジェクトである第五世代コンピュータプロジェクトにおける中核言語として活用されていました．

SQL 関係データベース管理システムにおいて，データの操作や定義を行うためのプログラミング言語です．1970年代にIBMが開発した関係データベース管理システムSystem Rの操作を行うSEQUELをベースとしています．1987年にISO/IEC（International Electrotechnical Commission（国際電気標準会議））によって最初の規格が制定されています．

Java Sun Microsystems社が1996年に発表したプログラミング言語ですが，現在はオープンソースとして開発がなされています．コンパイルしたファイルは中間言語に変換されて，Java仮想マシン上で実行されるため，コンピュータ環境に依存しないアプリケーションを作成することができます．オブジェクト指向の言語でもあり，高いコード生産性を有しています．

JavaScript プログラムの記述や実行を比較的簡単に行えるスクリプト言語

であり，オブジェクト指向の言語です．動的なWebサイトの構築や，リッチインターネットアプリケーションにおけるユーザインタフェースの開発に利用されており，HTMLと混在して書くことができます．歴史的な経緯から現在の名称となっていますが，Javaとは全く異なるプログラミング言語です．

Ruby 日本のソフトウェア技術者である松本行弘によって，1995年に最初に公開されたプログラミング言語です．現在は，オープンソースによって開発がなされています．オブジェクト指向のスクリプト言語であり，日本で開発されたプログラミング言語としては初めて，IECで国際規格として認証されています．ストレスなくプログラミングを楽しむことに焦点を当てています．

Swift Apple社のOSであるMac OS XやiOSでアプリケーションを作成するために開発されたプログラミング言語です．2014年のApple社の開発者イベントWWDC（WorldWide Developer Conference）において発表がなされ，ベータ版の提供が開始されています．発表に際して，「モダン，安全，高速，インタラクティブ」を大きな特徴として挙げています．

PHP オープンソースとして開発されているスクリプト言語の1つです．Webページを作成するために開発された言語であるHTMLと混在して書くことができます．主にサーバ側での活用に焦点が当てられており，動的なWebページを生成するのに適しています．言語構造は比較的簡単で理解しやすく，多くはCの基本構文に依存しています．

R オークランド大学のRoss IhakaとRobert Clifford Gentlemanによって最初に開発されたオープンソースの統計解析向けのプログラミング言語です．統計解析部分はAT&Tベル研究所が開発したS言語を参考にしています．ベクトル処理と呼ばれる実行機構により，柔軟な処理を簡便に記述することができます．

Python オランダ人のソフトウェア技術者であるGuido van Rossum（グイド・ヴァンロッサム）によって開発されたプログラミング言語です．条件文などのブロックをインデントで指定するといったオフサイドルールを採用することにより，書きやすく，読みやすいプログラムコードを実現しています．人工知能に関連するライブラリが多数あり，本分野での活用が進んでいます．

5.3 CASL II によるプログラミング

CASLは情報処理技術者試験において，受験者のアセンブリ言語に関する能力を評価するために開発されたアセンブリ言語の仕様です．仮想計算機COMET上で動作するように設計されています．2001年の試験改訂に伴って，**CASL II** および **COMET II**[3]（図4.2参照）にその仕様が拡張されています．本節では，CASL II およびCOMET IIの仕様を紹介するとともに，CASLによるプログラミング方法を学習します．

5.3.1 ハードウェアの仕様

COMET IIのハードウェア仕様では，図5.1で示されるように1語は16ビットで構成されています．主記憶の容量は65536（$= 2^{16}$）語で，そのアドレスは0〜65535（$= 2^{16} - 1$）番地になります．数値は，16ビットの2進数で表され，負数は2の補数で表されます．

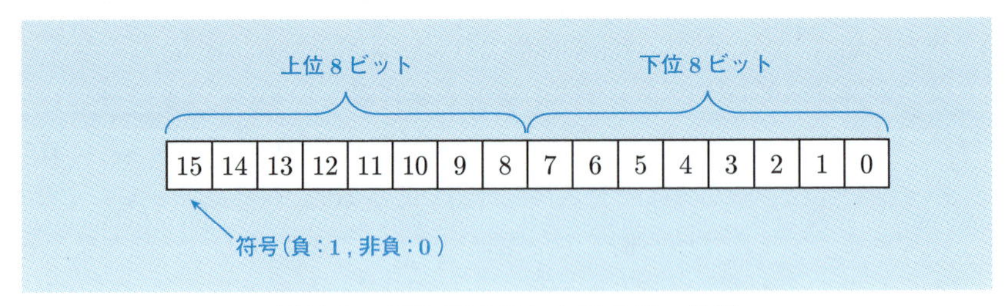

図5.1 COMET IIにおける語の仕様

制御方式は逐次制御で，命令語は1語または2語長で表されています．

レジスタとしては，GR（16ビット），SP（16ビット），PR（16ビット），FR（3ビット）の4種類が用意されています．

汎用レジスタであるGRとしては，GR0〜GR7の8個が用意されており，算術，論理，比較，シフトなどの演算に利用することができます．GR0以外の7個の汎用レジスタは，指標レジスタとして，アドレスの値を変更するアドレス修飾に利用することができます．

スタックポインタであるSPは，スタックの最上段のアドレスを保持しており，**プログラムレジスタ**であるPRは，次に実行すべき命令語の先頭アドレスを保持しています．

フラグレジスタである FR は，OF（Overflow Flag），SF（Sign Flag），ZF（Zero Flag）と呼ばれる 3 つのビットから構成されています．演算命令などの実行によって表 5.1 に示す値が設定されます．これらの値は，条件つき分岐命令で参照されます．

表 5.1　フラグレジスタに設定される値

OF	算術演算	演算結果が -32768（$= -2^{15}$）〜32767（$= 2^{15} - 1$）に収まらなくなったときに 1，それ以外のときに 0 になります．
	論理演算	演算結果が 0〜65535（$= 2^{16} - 1$）に収まらなくなったときに 1，それ以外のときに 0 になります．
SF		演算結果の符号が負のときに 1，それ以外のときに 0 になります．
ZF		演算結果が 0 のときに 1，それ以外のときに 0 になります．

ここで，演算に着目してみると，算術加算または算術減算は，被演算データを符号つきの数値とみなして，加算または減算を実施します．これに対して，論理加算または論理減算は，被演算データを符号なしの数値とみなして，加算または減算を実施します．

5.3.2　言語の仕様

CASL II のプログラムは，命令行および注釈行から構成されています．1 命令は 1 行で記述されており，次の行への継続はできません．命令行および注釈行は，表 5.2 に示す形式で，行の 1 文字目から記述されます．表において，[ ] は指定が省略可能なことを示しており，{ } は指定が必須であることを示しています．**ラベル**は，命令のアドレスを他の命令やプログラムから参照するため

表 5.2　プログラムの書き方

行の種類		記述の形式
命令行	オペランドあり	[ラベル] {空白} {命令コード} {空白} {オペランド} [{空白} [コメント]]
	オペランドなし	[ラベル] {空白} {命令コード} [{空白} [{;} [コメント]]]
注釈行		[空白] {;} [コメント]

の名前になります．その長さは，1〜8文字で，先頭の文字は英大文字で記述する必要があります．空白は，1文字以上の間隔文字の列になります．コメントは，プログラム内容に関するメモなどの任意の情報であり，処理系で利用可能な任意の文字を利用することができます．

図5.2に上述したプログラムの書き方に沿ったプログラムの例を示します．図においては，1列目にラベル（PG1，X，Y，Z），2列目に命令コード（START, LD, ADDA, RET, DC, DS, END），3列目にオペランド（GR1, 数値, ラベル）が書かれています．また，「;」以降の4列目には，内容を説明するコメントが書かれています．ラベルやコメントは，その必要性に応じて書かれることになります．

```
PG1  START          ; プログラムの開始
     LD      GR1,X  ; Xの値をGR1に読み込みます
     ADDA    GR1,Y  ; GR1にYの値を加算します
     ST      GR1,Z  ; GR1の値をZに格納します
     RET            ; プログラムから抜ける
X    DC      8      ; Xの値
Y    DC      5      ; Yの値
Z    DS      1      ; Zに領域を1つ確保します
     END            ; 全体の記述の終了
```

図5.2 プログラムの書き方例

5.3.3 命　令

本節では，よく利用される命令の形式およびその機能を説明します．基本的に命令は**命令コード**と，コンピュータの演算における値や変数を表す**オペランド**で構成されています．本項で書かれている表のオペランドにおいては，rが汎用レジスタ，adrがアドレス，xが指標レジスタを表しています．[ ]で囲われている指標レジスタの指定は任意となります．指標レジスタを指定した場合には，アドレスに指標レジスタの値が加算されて，**実効アドレス**が算出されます．また，表の説明において( )は，( )内のレジスタまたはアドレスに格納されている内容を表しており，実効アドレスはadrとxの内容との論理加算値またはその値が示す番地を表しています．

ロード，ストア，ロードアドレス命令

CPU と主記憶の間において値を読み書きする命令を表 5.3 に示します．LD と LAD は一見すると類似していますが，LD が実効アドレスに格納されている値を汎用レジスタに読み込むのに対して，LAD は実効アドレスそのものを汎用レジスタに読み込みます．また，LD の場合には，FR の設定がなされるのに対して，LAD の場合には，FR の設定がなされないといった違いがあります．

表 5.3 ロード，ストア，ロードアドレス命令

命令	命令コード	オペランド	説明	FR
LoaD	LD	r,adr[,x]	r ← (実効アドレス)	○
STore	ST	r,adr[,x]	実効アドレス ← (r)	—
Load ADress	LAD	r,adr[,x]	r ← 実効アドレス	—

算術，論理演算命令

値を算術，論理演算する命令を表 5.4 に示します．ADDA（または SUBA）と ADDL（または SUBL）は最左端のビットを符号として扱うかどうかに違いがあります．ADDA の場合には，符号として扱われますが，ADDL の場合には，符号として扱われません．また，AND，OR，XOR においては，OF ビットに 0 が設定されます．

表 5.4 算術，論理演算命令

命令	命令コード	オペランド	説明	FR
ADD Arithmetic	ADDA	r,adr[,x]	r ← (r) + (実効アドレス)	○
ADD Logical	ADDL	r,adr[,x]	r ← (r) + (実効アドレス)	○
SUBtract Arithmetic	SUBA	r,adr[,x]	r ← (r) − (実効アドレス)	○
SUBtract Logical	SUBL	r,adr[,x]	r ← (r) − (実効アドレス)	○
AND	AND	r,adr[,x]	r ← (r) AND (実効アドレス)	○
OR	OR	r,adr[,x]	r ← (r) OR (実効アドレス)	○
eXclusive OR	XOR	r,adr[,x]	r ← (r) XOR (実効アドレス)	○

比較演算命令

値を比較する命令を表5.5に示します．「算術，論理演算命令」の項と同様に，CPAとCPLは最左端のビットを符号として扱うかどうかに違いがあります．本演算による比較結果に基づいて，FRに表5.6に示す値が設定されます．

表5.5　比較演算命令

命令	命令コード	オペランド	説明	FR
ComPare Arithmetic	CPA	r,adr[,x]	(r)と(実効アドレス)の算術比較を行います．	○
ComPare Logical	CPL	r,adr[,x]	(r)と(実効アドレス)の論理比較を行います．	○

表5.6　比較結果によるFRの値

比較結果	OF	SF	ZF
(r) > (実効アドレス)	0	0	0
(r) = (実効アドレス)	0	0	1
(r) < (実効アドレス)	0	1	0

シフト演算命令

値を右あるいは左方向にシフトする命令を表5.7に示します．

表5.7　シフト演算命令

命令	命令コード	オペランド	説明	FR
Shift Left Arithmetic	SLA	r,adr[,x]	(r)を実効アドレスで指定したビット数だけ左に算術シフトします．	○
Shift Right Arithmetic	SRA	r,adr[,x]	(r)を実効アドレスで指定したビット数だけ右に算術シフトします．	○
Shift Left Logic	SLL	r,adr[,x]	(r)を実効アドレスで指定したビット数だけ左に論理シフトします．	○
Shift Right Logic	SRL	r,adr[,x]	(r)を実効アドレスで指定したビット数だけ右に論理シフトします．	○

SLA（SRA）においては，符号の情報が保持されるため，符号を除いた部分だけがシフトされます．シフトの結果空いたビットには，図5.3および図5.4に示すように左シフトのときは0，右シフトのときは符号の値が設定されます．これに対して，SLL（SRL）においては，符号を含むすべての部分がシフトされます．シフトの結果空いたビットには，図5.5および図5.6に示すように0が設定されます．なお，OFにはレジスタから最後に送り出されたビットの値が設定されます．

分岐命令

実効アドレスに分岐する命令を表5.8に示します．無条件に分岐するJUMPを除いては，条件が成立するときに実効アドレスに分岐しますが，成立しない場合には，分岐命令の次の命令に進みます．分岐命令によっては，FRの値は変化しません．

表5.8 分岐命令

命令	命令コード	オペランド	説明	FR
Jump on PLus	JPL	adr[,x]	SF = 0，ZF = 0のとき，実効アドレスに分岐します．	—
Jump on MInus	JMI	adr[,x]	SF = 1のとき，実効アドレスに分岐します．	—
Jump on Non Zero	JNZ	adr[,x]	ZF = 0のとき，実効アドレスに分岐します．	—
Jump on Zero	JZE	adr[,x]	ZF = 1のとき，実効アドレスに分岐します．	—
Jump on OVerflow	JOV	adr[,x]	OF = 1のとき，実効アドレスに分岐します．	—
unconditional JUMP	JUMP	adr[,x]	無条件に実効アドレスに分岐します．	—

図5.7は，分岐命令を利用した繰返し処理のイメージを示しています．本図においては，Jxxが表5.8に示す分岐命令のいずれかに対応しています．分岐命令を利用することにより，図の四角で囲われた部分の命令コード1［オペランド1］から命令コードn［オペランドn］までの部分が，条件が成立する限り繰り返されることになります．

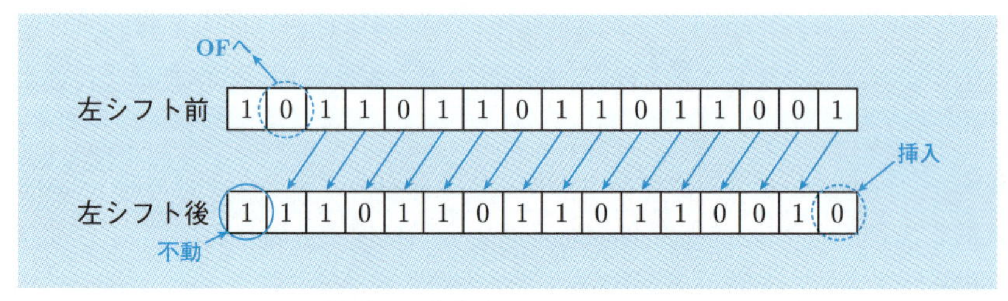

図 5.3 算術左 1 ビットシフト

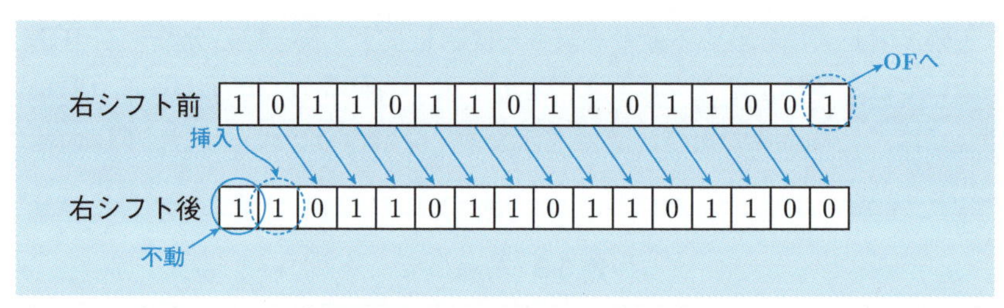

図 5.4 算術右 1 ビットシフト

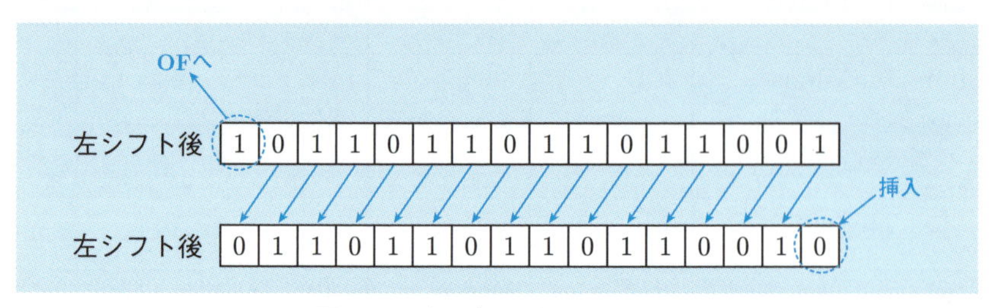

図 5.5 論理左 1 ビットシフト

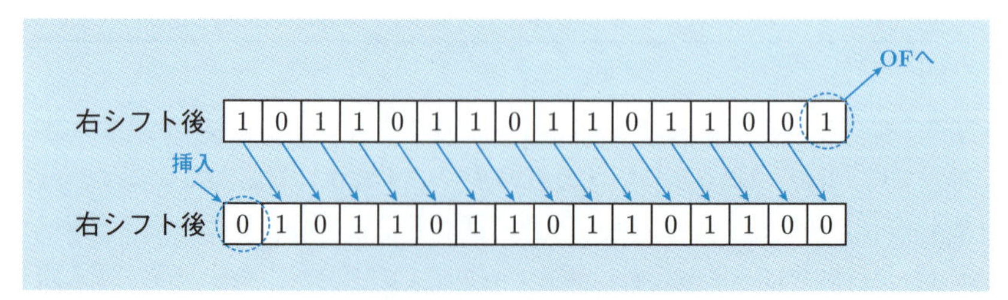

図 5.6 論理右 1 ビットシフト

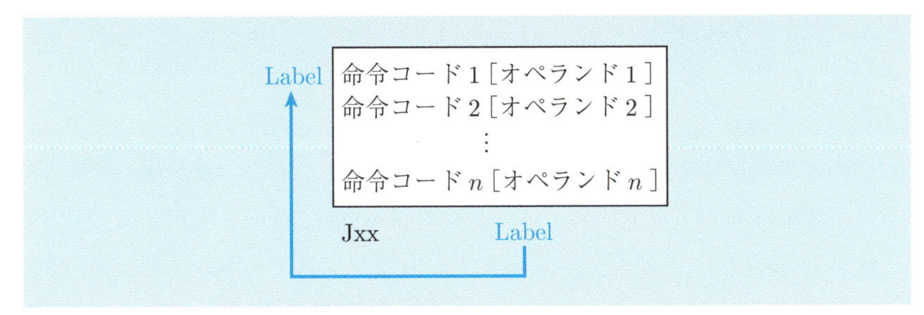

図 5.7 分岐命令による繰返し処理

その他の機械語命令

上記以外の機械語命令の一部を表 5.9 に示します．

表 5.9 その他の機械語命令

命令	命令コード	オペランド	説明	FR
CALL subroutine	CALL	adr[,x]	サブルーチンを呼び出します．	—
RETurn from subroutine	RET		呼出し元に戻ります．	—

アセンブラ命令

ここまでに紹介した機械語命令は，プログラムの実行時に CPU に対して指示を行っています．これに対して，表 5.10 に示すアセンブラ命令は，アセンブルする際に，アランブラに対して指示を行っています．

表 5.10 アセンブラ命令

命令	命令コード	オペランド	説明	FR
START	START	[実行開始番地]	プログラムの先頭を定義します．	—
END	END		プログラムの終わりを示します．	—
Define Storage	DS	語数	領域を確保します．	—
Define Constant	DC	定数 [, 定数]	定数を定義します．	—

5.3.4 プログラムの例

CASL II でさまざまな処理を実現するプログラムを書くことができます．特定の処理を実現するためのプログラムには，通常多数の書き方があります．ここでは，簡単な例として，8を6倍した結果を算出するためのプログラムを図5.8，図5.9，図5.10に示します．図5.8のプログラムでは，8を6回足すことによって，8を6倍することを実現しています．汎用レジスタ GR1 は足し算の途中経過を保存するのに利用されており，汎用レジスタ GR2 は，8を6回足すためのカウンタとして利用されています．すなわち，GR2 に格納されている値は SUBA 演算によって，1回6を足すごとに，その値から ONE に格納されている値が減算されており，1つずつ減っていくことになります．本プログラムでは，GR2 の値が0になるまでは，分岐命令 JNZ の条件（0でない）が成立しませんので，LP に処理が分岐します．このため，プログラムの4行目から6行目が6回繰り返されることになります．GR2 が0になったときは，分岐の条件が成立しなくなるため，プログラムの7行目へと処理が進むことになります．

図5.9のプログラムでは，8を6回足すことによって，8を6倍することを実現している点に関しては，図5.8のプログラムと同じになります．しかしながら，繰返しを実現する方法が異なっています．GR2 がカウンタとして利用されていますが，8を1回足すごとに，GR2 に格納されているアドレスに1を加算することによって，実質的に1を加算されたのと同じ効果を発揮しています．

```
PG2  START            ; プログラムの開始
     LAD   GR1,0      ; GR1 を 0 とする
     LD    GR2,Y      ; 8×6 の 6 を GR2 に入れる
LP   ADDA  GR1,X      ; GR1 に 8×6 の 8 を足していく
     SUBA  GR2,ONE    ; GR2 を 1 減らす
     JNZ   LP         ; GR2 − ONE が 0 でなければ繰り返す
     ST    GR1,Z      ; 計算結果を格納する
     RET              ; プログラムから抜ける
X    DC    8          ; 8×6 の 8
Y    DC    6          ; 8×6 の 6
Z    DS    1          ; 1 語分の場所を確保する
ONE  DC    1          ; 繰返し回数を減らすための 1
     END              ; 全体の記述の終了
```

図 5.8 8×6のプログラム1

```
PG3  START              ; プログラムの開始
     LAD    GR1,0       ; GR1 を 0 とする
     LAD    GR2,0       ; GR2 を 0 とする
LP1  ADDA   GR1,X       ; GR1 に 8 × 6 の 8 を足していく
     LAD    GR2,1,GR2   ; GR2 に格納されているアドレスに 1 を加算する
     CPA    GR2,Y       ; GR2 と Y を比較する
     JZE    LP2         ; GR2 と Y が等しければ LP2 に分岐する
     JUMP   LP1         ; 無条件で LP1 に分岐する
LP2  ST     GR1,Z       ; 計算結果を格納する
     RET                ; プログラムから抜ける
X    DC     8           ; 8 × 6 の 8
Y    DC     6           ; 8 × 6 の 6
Z    DS     1           ; 1 語分の場所を確保する
     END                ; 全体の記述の終了
```

図 5.9 8 × 6 のプログラム 2

また，6 行目の算術比較演算 CPA では，GR2 の値と Y の値である 6 を比較しており，この値が一致する場合に，ZF の値が 1 となります．このため，7 行目の分岐命令 JZE の条件が成立して，LP2 に分岐することになります．それ以外の場合は，8 行目に処理が進むため，分岐命令 JUMP によって，LP1 に処理が戻ることになります．すなわち，プログラムの 4 行目から 7 行目が繰り返されることになります．

図 5.8 や図 5.9 のプログラムでは，乗数が大きくなると計算時間がかかってしまいます．この問題を改善するために，図 5.10 のプログラムでは，シフト演算を利用して，任意のビット数の乗算を行うことにより，8 を 6 倍することを実現しています．6 倍することを考えてみると，4 倍した結果と 2 倍した結果を足すということと同じになります．また，6 を 2 進数で表してみると「110」となっており，一番左の 1 が 4 倍，真ん中の 1 が 2 倍に対応しています．そこで，この 1 をキーとして足し算を行うことにより，8×6 を実現します．8 行目の AND 演算は今述べた「1」を取り出すことに相当しています．S2 には直前の命令によって，GR3 の値が設定されますが，最初は 1 が設定されています．このため，AND を取ることにより，GR2 に「0」が取り出されます．なお，GR2 は取り出されるビットを設定するのに利用されており，GR3 は取り出すビットの位置を指定するのに利用されています．

```
PG4  START         ; プログラムの開始
     LD    GR1,X   ; 8×6の8をGR1に入れる
     LAD   GR3,1   ; 取出しビット用のGR3に1を設定する
     LAD   GR4,0   ; 計算結果用のGR4に0を設定する
LP1  LD    GR2,Y   ; 8×6の6をGR2に入れる
     ST    GR1,S1  ; GR1の値をS1に格納する
     ST    GR3,S2  ; GR3の値をS2に格納する
     AND   GR2,S2  ; GR2の指定ビットの値を取り出す
     JZE   LP2     ; 取出しビットの値が0ならLP2に分岐する
     ADDA  GR4,S1  ; S1の値をGR4に加算する
LP2  SLA   GR1,1   ; 8を順次2倍
     SLA   GR3,1   ; 取出しビットを1左シフト
     CPA   GR3,Y   ; 取出しビットと6を比較する
     JMI   LP1     ; 取出しビット値が小さければLP1に戻る
     ST    GR4,Z   ; 計算結果を格納する
     RET           ; プログラムから抜ける
X    DC    8       ; 8×6の8
Y    DC    6       ; 8×6の6
S1   DS    1       ; 1語分の場所を確保する
S2   DS    1       ; 1語分の場所を確保する
Z    DS    1       ; 計算結果用に1語分の場所を確保する
     END           ; 全体の記述の終了
```

図 5.10 8×6のプログラム3

0の場合には，足し算をする必要がありませんので，JZEの分岐命令によって，足し算の部分であるADDA演算がスキップされて，LP2とラベルづけされた行に移動します．この行と次の行のSLA演算によって，8の2倍と，GR3の値の2倍が行われています．GR3の値が2倍されることによって，取り出すビットの位置が左側に1つ移動します．なお，GR1は8を順次2倍した値を設定しておくのに利用されています．GR3は8×6の6と比較され，6の方が小さい場合には，LP1に処理が戻ります．1回目の処理の場合には，GR3に設定されている2と6が比較されますので，LP1に処理が戻ります．2回目のADD演算では，S2の値が2（2進数で010）となっており，1が取り出されます．このため，GR1に設定されている8を2倍した値（＝16）を格納しているS1の値がGR4に足されます．なお，GR4は足し算の結果を設定するのに利用されています．同様に，3回目のAND演算では，S2の値が4（2進数で100）となっており，1が取り出されます．このため，GR1に設定されている

16 を 2 倍した値（= 32）を格納している S1 の値が GR4 に足されます．GR3 をさらに 2 倍することにより，8（2 進数で 1000）となり 6 より大きくなりますので，JMI での分岐は起こらずに，15 行目の ST 演算で結果が Z に格納されることになります．図 5.11 は，上記で説明しました本プログラムの動作イメージを示しています．

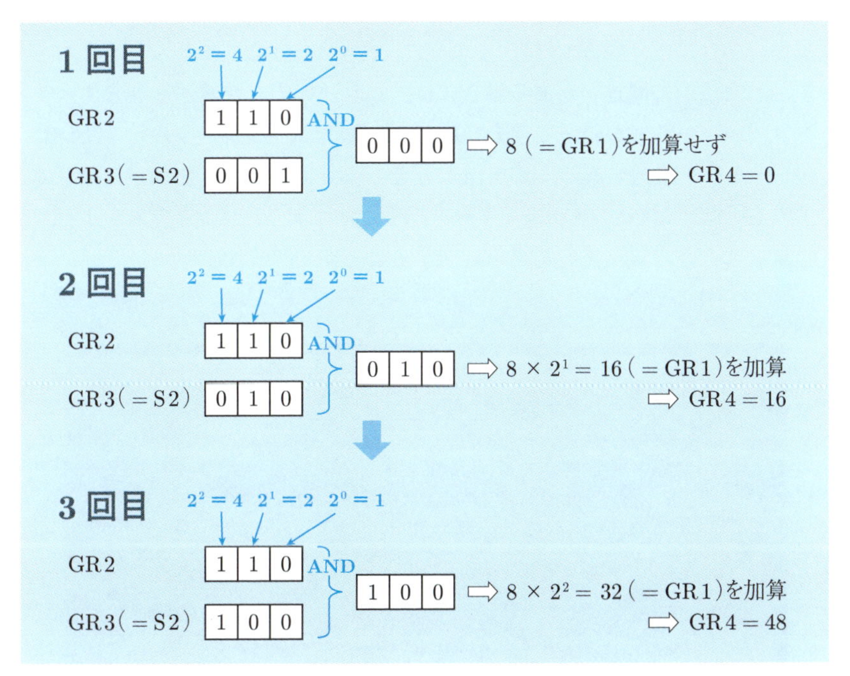

図 5.11　図 5.10 のプログラムにおける動作イメージ

5.3.5　CASL II のシミュレータ

CASL II は仮想的な計算機 COMET II のためのアセンブラ言語です．このため，実際に CASL II から生成された機械語が稼働する計算機は存在していません．プログラムの仕方を学習する上では，実際にプログラムを書いてみて，その動作を確認していくのが早道となります．このため，CASL II からの機械語生成と COMET II の動作をシミュレーション可能なソフトウェアが作成されています．本項では，そのようなソフトウェアの 1 つである **WCASL-II** を簡単に紹介します．図 5.12 は WCASL-II を起動した画面です．プログラムを新規に作成したい場合には，左上部にある「ファイル」を選択し，その中から「CASL2 プログラムの新規作成」を選択します．選択すると画面内にテキストウィンドウが起動してきますので，この中にプログラムを書いていきます．なお，このとき，新たに選択可能なメニュー項目が追加されています．

また，プログラムが書けたら，新たに追加された項目の中から「プロジェクト」を選択し，その中からアセンブルを選びます．プログラムの記述が文法的に正しい場合には，図 5.13 に示すように，「エラーはありません」と表示されますが，文法的に間違いがある場合には，エラーの内容が表示されます．

エラーがないことが確認できましたら，「プロジェクト」の中から「CASL シミュレート」を選択すると，図 5.14 に示すシミュレーション画面が起動してきます．本画面において「Enter」キーを押すことにより，プログラムを 1 行ずつ実行することができ，実行結果を確認することができます．

図 5.12　WCASL-II の起動画面 1

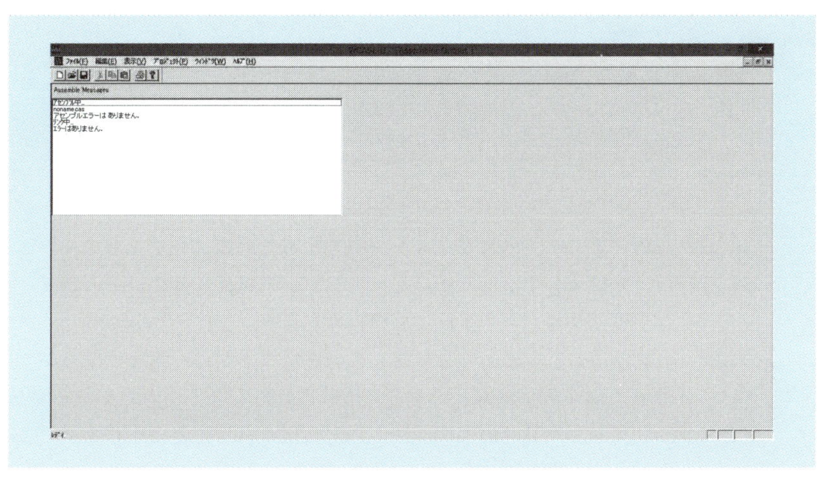

図 5.13　WCASL-II の起動画面 2

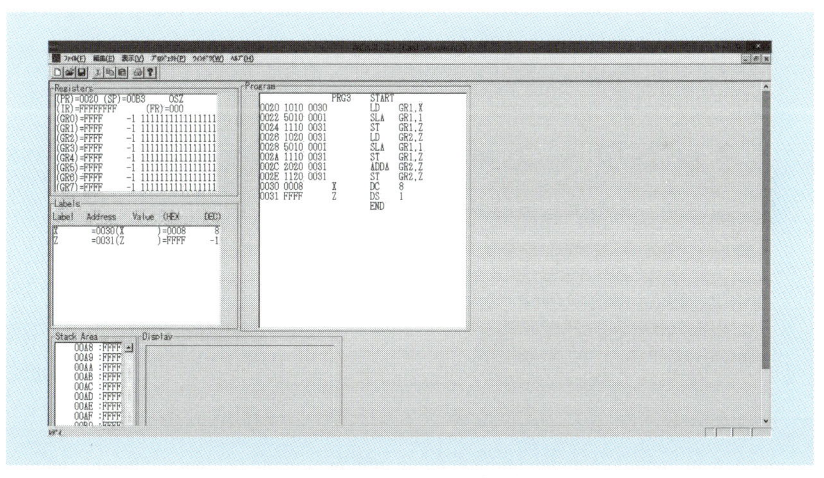

図 5.14　WCASL-II の起動画面 3

第6章 ネットワークやデータベースにつながるとは

プログラムによって，多様なタスクを実現するためのエンジンができたとしてもそれだけでは十分ではありません．エンジンを駆動するにはその燃料となるデータが必要になるからです．この燃料は燃料タンクに入れて管理し，適宜エンジンに供給する必要がありますが，この燃料タンクの役割を担うのがデータベースです．物理的な燃料と異なって消費されてもなくならないデータは，多数のコンピュータからそのタスクに応じて利用されることになります．このため，コンピュータごとにデータベースを構築することは非効率であり，多数のコンピュータとデータベースをつなぐことが必要になります．一方，個々のコンピュータで実現できるタスクも限られたものとなりますので，コンピュータ同士をつなぐことも必要となります．これらのつなぐ仕組みがネットワークとなります．本章では，ネットワークとデータベースについて学習します．

6.1 ネットワーク

現代ではさまざまな情報機器が**ネットワーク**を介してつながっており，ネットワークを通じてさまざまなデータがやりとりされています．これにより，物理的な距離を超越してさまざまなサービスを受けることができます．このようにネットワークは非常に便利なものですが，サービスを受けるのにどのようにしてデータをやりとりしているのでしょうか．本節では，ネットワークの基礎的なことを理解する上で必要となる，ネットワークの種類とネットワークを介してデータをやりとりする簡単な仕組みを紹介します．

6.1.1 ネットワークの種類

ネットワークにも色々な分類の仕方がありますが，ここではネットワークの範囲に着目して **LAN**（Local Area Network）と **WAN**（Wide Area Network）に分けて考えてみたいと思います．英語の表記からわかるように，LAN は企業・学校，家庭などに構築された狭いエリア内における小規模なネットワークとなり，私たちのコンピュータは通常この LAN に接続されています．それに対して，WAN は本社と支社，隣接する市や県といった広いエリア内のネットワークとなります．インターネットは，このネットワーク同士を接続し，蜘蛛の巣のように張り巡らされた大きなネットワークとなります．

6.1.2 ネットワークの仕組み

コンピュータや情報機器間でネットワークを介してデータをやりとりする仕組みを考えてみたいと思います．あるコンピュータ（COMP A）から他のコンピュータ（COMP B）にデータを送る場合，COMP A は COMP B が実際にどの機器なのかを知る必要があります．この機器を識別するのに利用されるのが，**IP**（**Internet Protocol**）**アドレス**です．このアドレスは 0 あるいは 1 の数字の並びで表されています．当初のインターネットでは，32 ビットの IP アドレス（IPv4 アドレス）を用いていましたが，インターネットに接続される機器が爆発的に増えており，今後は，128 ビットの IP アドレス（IPv6 アドレス）を用いたものへと移行していくと考えられます．

0 あるいは 1 の数値しか理解しないコンピュータにとっては，このアドレスは非常に都合のよいものですが，人にとっては必ずしも理解しやすいものではありません．このため，IP アドレスに対して，アルファベット，数字，記号によって理解しやすい名前をつけることができます．この名前のことを**ドメイン名**と呼びます．ドメイン名は階層的に管理されており，「.」によってその階層が区切られています．このようなドメインには，大きく分けて gTLD（genetic Top Level Domain）と ccTLD（country code Top Level Domain）の 2 種類があります．前者は，「.com」や「.net」のように特定の国に依存しないものであり，後者が「.jp」や「.uk」のように国ごとに割り当てられたカントリーコードを基本としたものになります．たとえば，「example.ac.jp」といったドメイン名が与えられている場合，国名が日本（jp）であり，組織・団体の種別がアカデミア（ac）であって，その名称が「example」である組織といった意味をもっています．

ドメイン名によって，人にとってはわかりやすくなりましたが，このドメイン名とIPアドレスの関係をどこかで変換する必要があります．この役割を担うのが**DNS**（Domain Name System）であり，DNSが稼働するコンピュータがDNSサーバになります．DNSサーバはコンピュータから受け取ったドメイン名をIPアドレスに変換し，目的のアクセス先のIPアドレスをコンピュータに返します．図6.1はその様子を示しています．

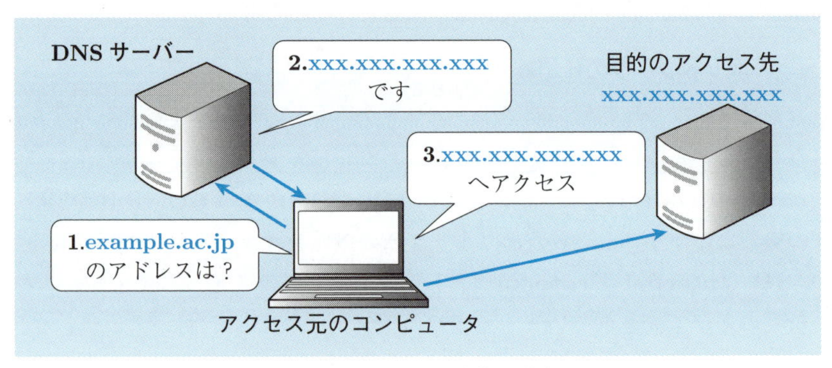

図6.1　IPアドレス変換の仕組み

IPアドレスを付与されたデータは，コンピュータから送信され，ネットワークを経由して目的となるIPアドレスをもったコンピュータに届くことになります．

以前はコンピュータをネットワークにつなげたいと思ったときには，ネットワークの管理者に申請を行って，IPアドレスを受領し，そのコンピュータに対してIPアドレスを設定する必要がありました．しかしながら，現在では，多くの場合，**DHCP**（Dynamic Host Configuration Protocol）を採用することにより，該当するネットワークで利用可能なIPアドレスの中で未利用なものが自動的にコンピュータに割り当てられています．このため，固定したIPアドレスを利用したいといったニーズがない限り，コンピュータに明示的にIPアドレスを割り当てる必要はなくなっています．

6.2 データベース

コンピュータにおける情報処理において，データを貯めたり，データを検索したり，データを更新したりすることなどを，便利にできるように整理した情報の集まりがデータベースです．この情報の集まりを扱うシステムをデータベース管理システムと呼びますが，データベース管理システムのことを単にデータベースと呼んでいる場合もあります．データベースの形式は，データの特徴に基づいてさまざまなものが提案され，実世界において活用されています．本節では，現在もっともよく利用されているデータベースである関係データベースを中心として，データベースにおける基本的な事項を紹介するとともに，関係データベースの1つであるACCESSの操作方法を簡単に紹介します．また，近年オープンソースソフトウェアとして注目を集めている，関係データベース以外のデータベースについても簡単に紹介します．

6.2.1 3層スキーマモデル

データとデータを処理するプログラムを一体として，システムが構築されていると，収集するデータの内容が変更になった場合，そのデータを参照するすべてのプログラムを修正する必要が発生します．このため，このようなシステムでは，保守作業の負荷が増大する傾向にあります．このような保守作業の負荷を軽減する上ではデータとそのデータを処理するプログラムを独立したものとして構築することが必要となります．このような考え方をデータ独立と呼びます．

このようなデータ独立を実現するための方法として，3層スキーマと呼ばれるモデルが提案されています．3層スキーマモデルでは，**外部スキーマ**，**概念スキーマ**，**内部スキーマ**と呼ばれる3種類のスキーマによって，データベースを3つの階層に分けて定義しています．ここで，外部スキーマがプログラムやユーザからみたデータの見方であり，関係データベースの場合にはビューと呼ばれるものに相当しています．また，概念スキーマは対象となる世界の事象を論理的にみた見方であり，関係データベースの場合には関係表（テーブル）と呼ばれるものに相当しています．最後の内部スキーマは，コンピュータ世界における物理的な記憶領域からみた見方であり，記憶装置やデータファイル上におけるデータの配置方法や格納方法に相当しています．このように階層分けしてデータベースを作成することによって，内部スキーマを意識せずに外部スキーマを定義することができますし，内部スキーマの定義を変更したとしても外部スキーマにその影響がおよびません．

6.2.2 データモデル

データベースを具体的に実装していくには，データをどのように格納するかを定義する必要があります．このような物理的なデータの構造を記述する方法にはいくつかあり，本項では，**階層データモデル**，**ネットワークデータモデル**，**関係データモデル**，**KVS（Key Value Store）データモデル**について紹介します．

階層データモデルにおきましては，データの1件分に相当するレコード同士を，木構造としてモデル化したデータモデルになります．図6.2は，階層データモデルの例を示しています．階層データモデルにおきましては，上位にあるレコードに対して，複数の下位レコードが結びつけられますが，下位にあるレコードはたった1つの上位レコードとしか結びつけられません．組織における部門構成や製造物における部品構成を示すような事象に向いたデータモデルとなります．

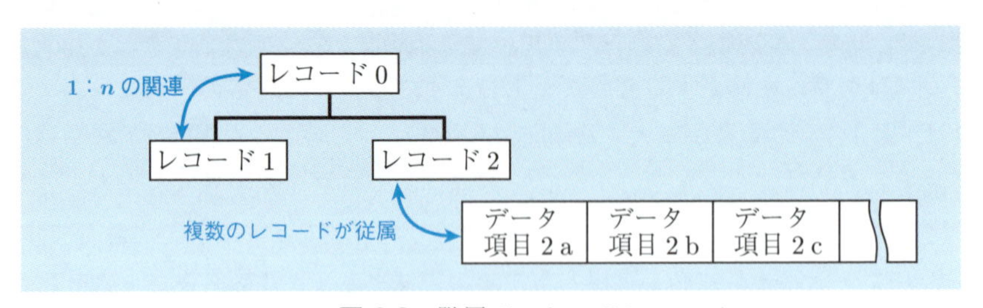

図 6.2 階層データモデル

ネットワークモデルにおきましては，図6.3に示すように各レコード同士が複数のレコードと結びつけられています．階層データモデルとは異なり，レコード間に上位・下位といった区別はありません．このようなネットワークモデルは，交通網や電話回線網を表すのに向いたデータモデルとなっています．同一の人が複数の部門に所属するような構造を，階層データモデルでは表すことができませんでしたが，ネットワークデータモデルではそのような構造も表すことができます．しかしながら，データの独立性が乏しく，データの処理経路が限定されるといった問題があります．

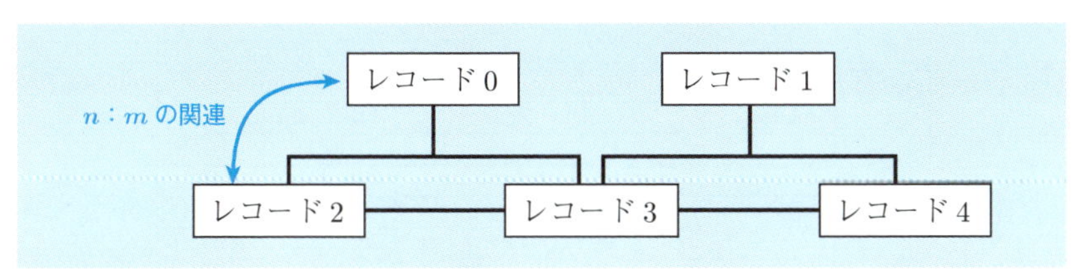

図 6.3 ネットワークデータモデル

関係モデルは，図 6.4 に示すように各レコードを横方向に並べることにより，データ項目を 2 次元の表形式に表したデータモデルとなります．時刻表や各種台帳のような構造を表すのに向いています．データをデータ処理プログラムとは独立して定義することが容易であり，現在のデータベースの主流となっているデータモデルです．図 6.4 では 1 つの表だけが示されていますが，通常は複数の表が以降の項で紹介される「キー」によって，結びつけられることになります．

	属性 1	属性 2		属性 j
組 1	データ項目 $(1,1)$	データ項目 $(1,2)$	$\cdots$	データ項目 $(1,j)$
組 2	データ項目 $(2,1)$	データ項目 $(2,2)$	$\cdots$	データ項目 $(2,j)$
.	.	.	$\cdots$	.
.	.	.	$\cdots$	.
.	.	.	$\cdots$	.
組 i	データ項目 $(i,1)$	データ項目 $(i,2)$	$\cdots$	データ項目 (i,j)

図 6.4 関係データモデル

前述したように，関係データモデルが現状のデータベースの主流ですが，きっちりと構造化されたデータしか格納できないといった問題があります．この問題に対して，Web 上のデータなど必ずしもきっちりと構造化されていない大量のデータが，容易に生成されるようになり，構造化されていないデータを格納したいといった要望も高まっていました．このようなデータを格納する方法の 1 つとして，図 6.5 に示すような KVS データモデルが提案されています．本データモデルでは，キーと値がセットとなって格納されるだけといった単純な構造となっています．図の例からわかりますように，各値は必ずしも同じ形式のデータでなくてもかまいません．

key	value		
ID01	Column		
	name	value	timestamp
	姓	法政	20121210101010
	名	太郎	20121210101010
	地域	神奈川	20121210101010
	メールアドレス	***@**.**.ac.jp	20121210101010
ID02	Column		
	name	value	timestamp
	姓	法政	20111210101010
	名	花子	20111210101010
	出身地	東京	20111210101010
	電話番号	xxx-xxx-xxxx	20111210101010

図 6.5　KVS データモデル

6.2.3　データベースの役割

データベースは，データを入れる箱ですが，それだけでは，何の意味もありません．データを利用するためにはさまざまな役割が必要となります．本項では，代表的な役割を紹介します．

問合せ処理

一般的な検索処理で，利用者からの問合せに対して適切なデータを返す役割になります．データを追加したり，変更したりする場合には，不適切な値や重複するデータなどが入力されていないかの検査も行います．複雑な問合せに関しては，効率よい問合せを行うための最適化も行っています．

セキュリティ

データベースは，多数の利用者によりデータの共有が行われています．このため，データに安全にアクセスすることが大切になります．データベースでは，利用者ごとに，検索したり，更新したり，追加したり，削除したりできるデータを細かく指定することができます．

障害からの回復

データベースに何らかの障害が発生したときに，データベースをもとの状態に回復させることが必要となります．その方法として，**ロールバック**，**ロールフォワード**といった方法があります．

ロールバックは，主にソフトウェアに関する障害が発生した場合に，状態を回復させるための方法になります．ロールバックでは，障害が発生した場合に，処理途上でトランザクション（互いに関連・依存する複数の処理をまとめたもの）の結果が確定されていないトランザクションの処理をすべて取り消し，最初の時点に戻します．

ロールフォワードは，主にハードウェアに関する障害が発生した場合に，状態を回復させるための方法になります．ロールフォワードでは，ある時点で複製したデータを書き戻します．この結果に対して，データベースに加えられた変更を逐次的に記録したトランザクションログを適用していき，トランザクションの結果が確定されていた時点の状態に戻します．

同時実行制御

データベースは，多数の利用者からの問合せを間違いなく同時に処理することが必要となります．このための役割が同時実行制御となります．

同時実行制御が正常に働かず，更新が正常にいかない例を図 6.6 に示します．本例では 2 つのトランザクションが同時に処理されている例となっています．本例では，トランザクション A がリソース x から 20 を呼び出した直後に，トランザクション B もリソース x から 20 を呼び出しています．トランザクション A はその後に，リソース x に 10 を加算して 30 とし，その結果をリソース x に書き込んでいます．一方，トランザクション B は，リソース x に 20 を加算して 40 とし，その結果をリソース x に書き込んでいます．本例では，トランザクション B の書込みの方が後になっていますので，40 の値が残されることになります．トランザクション A とトランザクション B が順に処理されていれば，リソース x は 50 となるはずですが，トランザクション A の結果が無視されることにより，更新矛盾が発生しています．

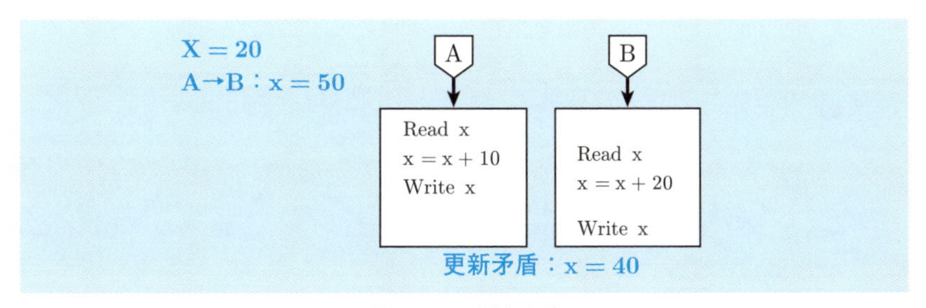

図 6.6　更新矛盾

上記のような更新矛盾を発生させないための方法として，あるトランザクションがリソースを利用している場合に，他のトランザクションからのアクセスを制限する方法があります．このような制御を**ロック**と呼び，排他ロックと共有ロックがあります．排他ロックは，他のトランザクションからの検索・更新などのすべての処理を禁止するロックとなります．一方，共有ロックは，他のトランザクションからの参照のみを許可するロックとなります．このようなロックを活用することにより更新矛盾を避けることができます．

一方，このようなロックを掛けたことにより**デッドロック**といった問題が発生することがあります．デッドロックとは，2つのトランザクションが互いのロックを待つことにより，処理が止まった状態のことです．図6.7はデッドロックとなる例を示しています．本例の場合，トランザクションAがリソースxをロックした後に，トランザクションBがリソースyをロックしています．トランザクションAは引き続いてリソースyを利用したいため，リソースyをロックする必要があります．しかしながら，リソースyはトランザクションBによってロックされているため，ロックすることができません．このため，トランザクションAはリソースyが解放されるのを待つことになります．一方，トランザクションBは引き続いてリソースxを利用したいので，トランザクションAによってロックされているリソースxが解放されるのを待つことになります．このような状態が発生すると，どちらのトランザクションもいつまでも，リソースの解放を待ち続けることになり，処理が進まなくなります．データベースには，このような状態を監視することにより，デッドロックの発生を検知した場合に，デッドロックを解除できる仕組みがあります．

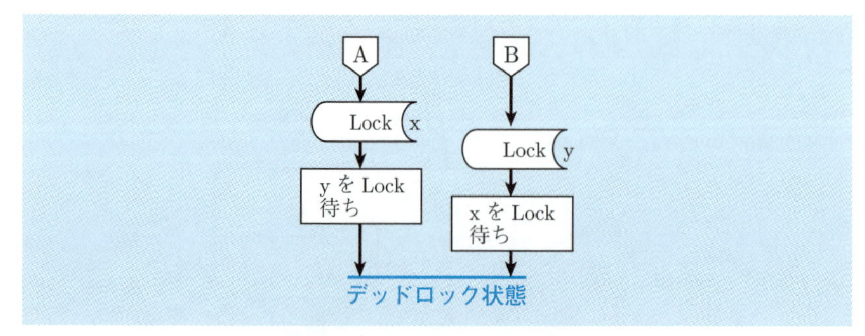

図6.7　デッドロックの発生

データベースにデッドロックを解除する仕組みがありますが，このような状態はどうして生じるのでしょうか．今回の例の場合，トランザクションAがリソースx，リソースyといった順に利用しているのに対して，トランザクションBは，その逆の順にリソースを利用しているのがその原因となります．デッドロックを発生させないためには，各トランザクションにおけるリソースの利用順序を同一にすることが必要です．しかしながら，すべてのトランザクションで，リソースの順序を同一にすることは必ずしもできないため，データベースでデッドロックの発生を監視することが必要となります．

更新矛盾を起こさないための方法として，ロックによる方法を紹介しましたが，他の方法として**時刻印**（タイムスタンプ）といった方法もあります．時刻印方式は，時刻印を用いて排他制御を行う方式です．トランザクションは，データを更新する際に，その発生時刻を記録しています．各トランザクションは，データを更新する前に記録された発生時刻を検索し，自身のトランザクションより，発生時刻が遅いトランザクションによりデータが更新されている場合には，ロールバックが行われます．時刻印方式はロックを用いていないため，デッドロックといった問題は発生しません．しかしながら，長時間にわたって実行されるトランザクションであるほど，ロールバックの可能性が高くなってしまうといった問題があります．

この他の方法としては，楽観的方式があります．本方式では，トランザクション開始時の更新前データを保存します．データの書込み時に保存した更新前データと現在のデータを比較し，変更されている場合には，ロールバックを行います．時刻印方式と同様に，デッドロックは発生しませんが，安全性に欠けるため，更新頻度の低いデータベースでしか利用できません．

6.2.4 関係データベース

関係データベースは，関係モデルに基づいたデータベースになります．本項では関係データベースにおける代表的な概念を紹介します．

キー

関係データベースの表は複数の属性からなるレコードで構成されています．この表においてレコードを一意に決める属性の集合を**候補キー**と呼びます．この候補キーのうちの１つを**主キー**と呼びます．主キーは複数のレコードの間で重複することはできませんし，主キーをもたないレコードが存在することも許されません．

一方，表と表とを関連づけるためのキーとして**外部キー**があります．ある表に記述されている外部キーは，その参照先の表では主キーとなっています．

正規化

データの重複をなくし整合的にデータを扱えるようにデータベースを設計することを，データベースの**正規化**と呼びます．正規化を行うことにより，データの追加，更新，削除に伴って発生する可能性のあるデータの不整合や喪失を防止することができ，データベースの保守性を高めることができます．正規化の段階には，複数の段階がありますが，通常よく利用される第1～第3正規形を簡単に紹介します．

関係データベースでは，原則としてレコード単位で個々のデータを扱っています．このため，1行の中に複数の繰返し項目が存在するような表はデータベースに格納することができません．このような繰返し項目を，それぞれ別のレコードとして独立させ，取り除くことが第1正規形となります．表6.1の例では，A商事の行には3つの商品に関する情報が格納されています．この3つの商品が繰返し項目にあたります．このような表を表6.2に示すようにすることにより，繰返し項目を排除することができます．

表6.1 第1正規形がなされていない表

仕入れ先名	所在地	代表者名	連絡先	商品名	単価	入荷日	入荷数
A商事	神奈川県	佐藤	123-456	鉛筆	100	7/1	100
				鉛筆	100	7/3	50
				消しゴム	120	7/4	200
B商事	青森県	鈴木	789-000	ハサミ	110	7/2	80

表6.2 第1正規形の表

仕入れ先名	所在地	代表者名	連絡先	商品名	単価	入荷日	入荷数
A商事	神奈川県	佐藤	123-456	鉛筆	100	7/1	100
A商事	神奈川県	佐藤	123-456	鉛筆	100	7/3	50
A商事	神奈川県	佐藤	123-456	消しゴム	120	7/4	200
B商事	青森県	鈴木	789-000	ハサミ	110	7/2	80

繰返し項目を排除することにより，関係データベースに格納することができるようになりますが，データベースの保守性といった点では問題があります．本表では，実際に商品が入荷されるまで，仕入れ先に関する情報を格納することはできません．また，代表者が変更になった場合には，複数の箇所を変更しなければなりません．このような問題を回避するには，さらなる正規化を行う必要があります．

第1正規形の表を確認してみると，仕入れ先名，商品名，入荷日の3つの属性（主キー）を決定することにより，レコードを一意に決定することができます．しかしながら，所在地や代表者は仕入れ先名が決まれば，一意に決まってしまいますし，商品名が決まれば単価も決まってしまいます．このように主キーの一部の属性によって，決まる属性があることを**部分関数従属性**と呼びます．この部分関数従属性を取り除くことにより，先に述べたデータベースの保守性の問題を回避することができます．このような部分関数従属性を取り除いた表が第2正規形となります．本例の場合，表6.3に示す3つの表に分解することにより，部分関数従属性を取り除いた表を生成することができます．

表6.3 第2正規形の表

商品名	単価
鉛筆	100
消しゴム	120
ハサミ	110

仕入れ先名	所在地	代表者名	連絡先
A 商事	神奈川県	佐藤	123-456
B 商事	青森県	鈴木	789-000

仕入れ先名	商品名	入荷日	入荷数
A 商事	鉛筆	7/1	100
A 商事	鉛筆	7/3	50
A 商事	消しゴム	7/4	200
B 商事	ハサミ	7/2	80

第2正規形の3つの表はほとんどの冗長性が取り除かれています．しかしながら，依然として若干の問題があります．たとえば，表6.3の右上の表における「佐藤」さんが「東京都」に所在地がある「C 商事」の代表者も務めている

場合を考えてみましょう．このような場合，同じ代表者が繰り返し，表に現れることになります．表6.3の右上の表では，仕入れ先名が主キーとなっていますが，代表者名によってその連絡先は決まってしまいます．このような仕入れ先名 → 代表者名 → 連絡先といった関係を**推移的関数従属性**と呼びます．このような推移的関数従属性を取り除いた表が第3正規形の表となります．

表6.4　第3正規形の表

仕入れ先名	所在地	代表者名
A商事	神奈川県	佐藤
B商事	青森県	鈴木
C商事	東京都	佐藤

代表者名	連絡先
佐藤	123-456
鈴木	789-000

関係代数

関係データベースにおいては，表として表されたデータを操作する演算が定義されています．本演算は，イングランド生まれの計算機科学者 Edgar Frank Codd（エドガーフランクコッド）によって主に考案されています．その後の研究の発展に伴って，現在では，射影，選択，結合，商，和，差，積，直積といった8種類の演算が利用されています．ここでは，その一部である**射影**，**選択**，**直積**を紹介します．

射影は，ある関係から指定した特定の属性だけを返す演算になります．たとえば，図6.8の左側の表において，属性「代表者名」を指定して射影を行うことにより，図6.8の右側の表を得ることができます．

仕入れ先名	所在地	代表者名
A商事	神奈川県	佐藤
B商事	青森県	鈴木

射影 →

代表者名
佐藤
鈴木

図6.8　射影演算

選択は，表から指定した条件に合う組の集合を返す演算になります．たとえば，図6.9の左側の表において，属性「所在地」が「青森県」である条件に合った組を得ることにより，図6.9の左側の表を得ることができます．

仕入れ先名	所在地	代表者名
A 商事	神奈川県	佐藤
B 商事	青森県	鈴木
C 商事	青森県	田中

仕入れ先名	所在地	代表者名
B 商事	青森県	鈴木
C 商事	青森県	田中

図 6.9 選択演算

直積は，2 つの表を構成する各組のすべてを組み合わせた組からなる表を返す演算となります．たとえば，図 6.10 の上側の 2 つの表を直積することにより，図 6.10 の下側の表を得ることができます．

仕入れ先名	所在地	代表者名
A 商事	神奈川県	佐藤
B 商事	青森県	鈴木

購入先名	購入先所在地
X スーパー	東京都
Y スーパー	大阪府

直積

仕入れ先名	所在地	代表者名	購入先名	購入先所在地
A 商事	神奈川県	佐藤	X スーパー	東京都
A 商事	神奈川県	佐藤	Y スーパー	大阪府
B 商事	青森県	鈴木	X スーパー	東京都
B 商事	青森県	鈴木	Y スーパー	大阪府

図 6.10 直積演算

6.2.5 ACCESS の利用方法

本項では，Microsoft 社の Office に含まれる関係データベースである **ACCESS** の利用方法を簡単に紹介します．

データの型

表は複数の属性から構成されていますが，ACCESS ではこの属性のことをフィールドと呼んでいます．各フィールドには同じ形式の値が格納されることになり，各フィールドには 1 つのデータ型が割り当てられることになります．表 6.5 は，ACCESS で利用可能な代表的なデータ型を示しています．オートナンバー型は自動的に表に対して一意の連番を与えるための型となります．このため，表における主キーとして利用することが可能です．

表 6.5 ACCESS のデータ型

テキスト型	もっとも一般的な型，半角 255 文字まで格納
メモ型	最大半角 64000 文字まで格納
数値型	集計および計算に使うデータ
日付/時刻型	日付や時刻，年の 2 桁入力 → 00～99 を 2000～2099 と判断
通貨型	15 桁まで格納，3 桁ごとにカンマ，先頭に通貨記号
オートナンバー型	自動的な連番付与，1 つのテーブルに 1 つ（主キーとして利用可）
Yes/No 型	Yes か No のいずれかを選択

データベースの作成

データベースを始めから作成することを考えてみます．ACCESS を起動すると，空のデータベースの新規作成を選ぶことができます（図 6.11 参照）．空のデータベースに，データベースの名前を指定して作成ボタンを押すことにより，データベースの枠組みを作成することができます．この枠組みの中にデータベースを構成する表を定義していくことになります．表のことを ACCESS ではテーブルと呼んでいます．

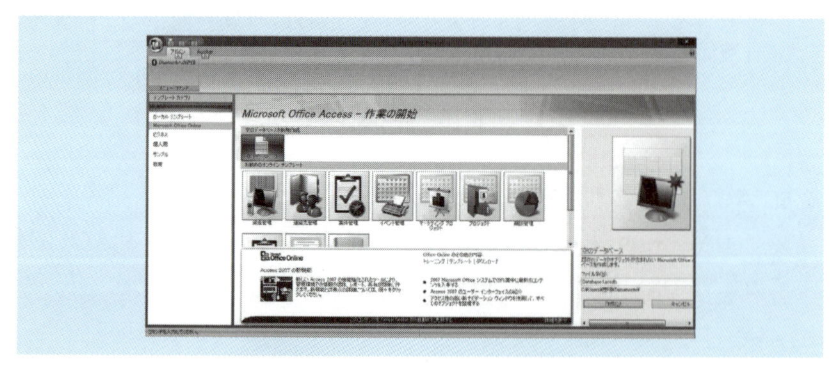

図 6.11 データベースの新規作成

表は複数の属性から構成されていますが，ACCESS でテーブルを作成していくには，属性の数分だけのフィールドを作成します．また，このフィールドに一意の名前を与えていきます．図 6.12 は新規データベースを作成した直後の最初の表となりますが，画面の中ほどに表示されているテーブルの一番左側に「ID」

と名づけられたフィールドが設定されています．このフィールドにはオートナンバー型が自動的に設定されています．この ID が主キーに設定されていますが，後で紹介する「デザインビュー」において，主キーを変えたり，ID に対応するデータ型を変えたりすることができます．必要な数のフィールドは，ID の横にある「新しいフィールドの追加」をクリックすることにより，必要な分だけ追加していくことができます．

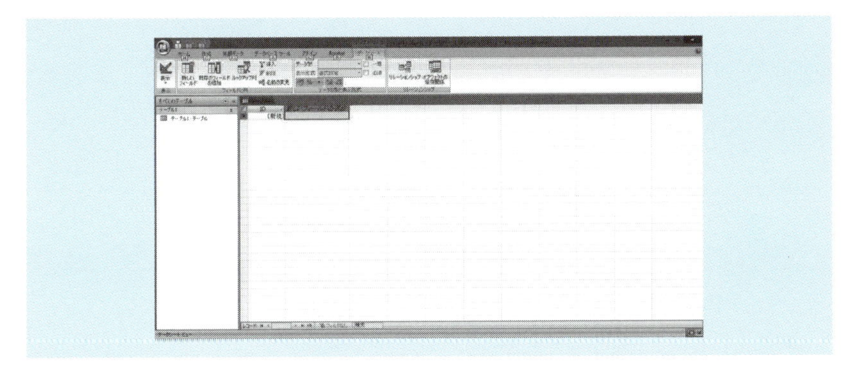

図 6.12　テーブルの作成

追加されたフィールドにはデフォルトのデータ型が割り当てられていますが，この型を実際に設定したいデータ型に変更していくことができます．今まではデータシートビューを表示していたのですが，この表示をデザインビューに切り替えることにより，各フィールドの名前とデータ型を確認することができます．このデザインビューにおいて，フィールドの名前やデータ型を変更できます．図 6.13 では，6 つのフィールドの名前とデータ型が設定された様子が示されています．なお，フィールド名の右横の欄に「鍵」のマークがつけられており，このフィールドが主キーであることを表しています．

フィールド数，フィールド名，データ型が決まれば，データシートビューで実際の値を設定していくことになります．なお，ACCESS においては，組に相当する 1 行が表における 1 つのデータを表しており，レコードと呼びます．また，レコードを構成するフィールドに対応する 1 つのマスをセルと呼びます．図 6.14 では，図 6.13 の形式に沿った 10 個のレコードが格納されている様子が示されています．図 6.14 の最下行の左側に「*」がついた行がありますが，こ

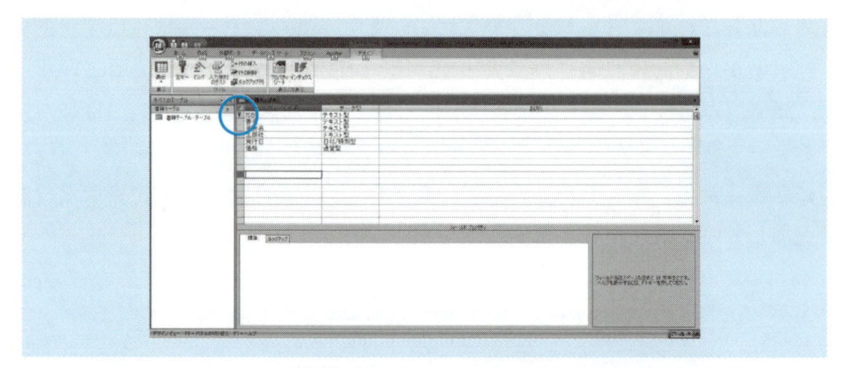

図 6.13　テーブルの形式

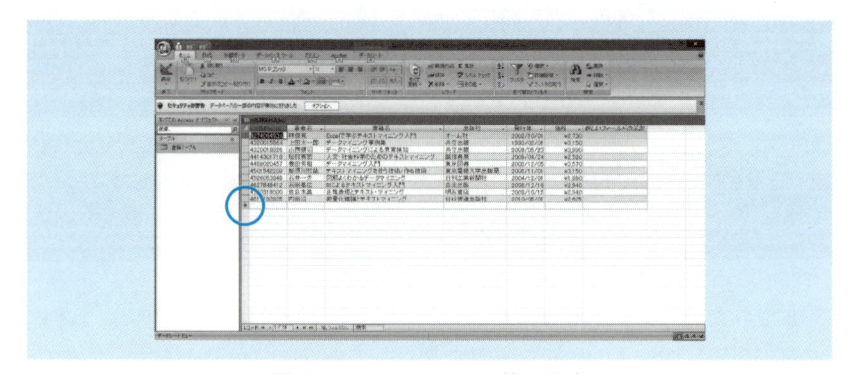

図 6.14　テーブルへの値の設定

の行のセルに値を書いていくことにより，新たなレコードが加えられていくことになります．なお，ここでは各値を手動で設定するイメージでデータベースにおけるテーブルを作成する方法を紹介しました．この他にも，ファイルから読み込んで値を設定することもできます．

選択

関係代数のところで紹介した選択を ACCESS で実施するための方法を簡単に紹介します．結果をみながらインタラクティブに選択を実施する場合には，データシートビューにおいて，フィールド名の横側にある「▼」をクリックすることにより，フィールドのデータ型に応じたフィルタを利用して条件に合った選択を実施することができます．より複雑な選択を一括して行いたい場合には，フォームフィルタを利用します．図6.15はフォームフィルタの設定例を示しています．

図6.15の書籍名の下に書籍名に対応する選択の条件「Like "*テキスト*"」が書かれています．本条件はテキスト型に関する条件となっており，" "の中に書かれている文字列を書籍名が含むことを表しています．なお，「*」は特殊な意味をもっており，任意の文字列が含まれていることを表しています．同様に，発行年の下の「<=#2006/01/01#」は，日付/時刻型の条件となります．# #の中に書かれているYYYY/MM/DD形式の文字列が年月日を表しており，「<=」が該当年月日以下になることを表しています．最後に，価格の下の「>=2500」が，通貨型（数値型）の条件となります．「>=」が該当の数値以上となることを表しています．この3つの条件はAND条件となっており，すべての条件が成り立つレコードが選択されることになります．値が設定されていないフィールドに関しては，条件が設定されていないことを表しています．このように1つのシートでは，AND条件となり，OR条件を表すことができません．OR条件を表したい場合には，図6.15の下部にある「または」をクリックします．クリックすると，別のシートに条件を書くことができるようになります．この異なるシート間では，OR条件となります．条件をすべて設定したら，「フィルタの実行」を押すことにより，一括して条件を評価した選択を行うことができます．この他，クエリウィザードの選択クエリウィザードを利用することにより，複数のテーブルを組み合わせた選択を行うこともできます．

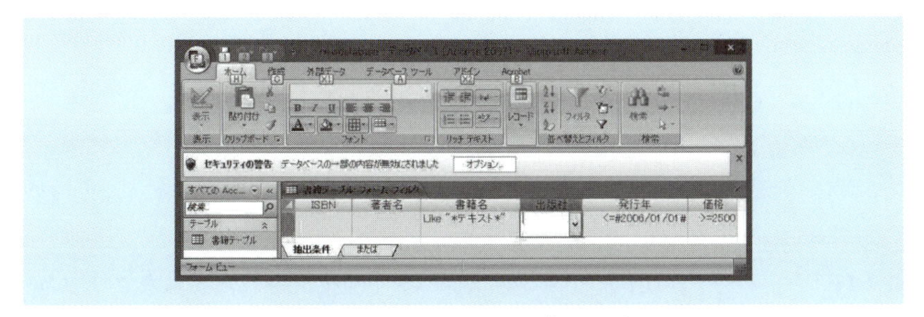

図6.15 テーブルへの値の設定

6.2.6 近年のデータベース

関係データベースが多様な場面で利用されています．しかしながら，近年では多様な形式のデータを格納するために，関係データモデル以外のデータベースもオープンソースソフトウェアとして開発されています．本項ではこのようなデータベースのいくつかを簡単に紹介します．

Redis[4]　KVS型のデータモデルを採用した，主にメインメモリ上でデータの格納を行うデータベースです．Redis Labsがスポンサーとなって開発が行われており，文字列，ハッシュ，リスト，文字列の集合，ソートされた文字列の集合といったデータを扱うことができます．

Riak[5]　Amazon Web Servicesで利用されているDynamoDBに関する論文に基づいて実装されたKVS型のデータベースになります．バケットと呼ばれるデータを保管する箱にキーをもったバリューを収納しており，バケットとキーを指定したクエリを発行することによりデータを操作します．

MongoDB[6]　ドキュメント指向のデータベースになります．テキストベースのデータフォーマットの1つであるJSONに類似した形式でドキュメントと呼ばれる構造的データを表しており，そのドキュメントの集合をコレクションとして管理しています．

Cassandra[7]　Facebook社が自社のSNSのインフラとして開発したデータベースで，2008年にオープンソースソフトウェアとして公開されています．一般的なKVSデータベースでは，1個のキーに1個のバリューを紐づけて管理していますが，Cassandraではキーの部分を階層化して管理することができます．

HBase[8]　Google社で大規模データを管理するために設計されたデータベースであるBigTableをモデルとして開発されたデータベースです．列のデータを1つのまとまりにして取り出すときに効率的であるように設計された列指向のデータベースになります．

Neo4j[9]　ノード，リレーション，プロパティで構成された柔軟なグラフネットワークを操作対象とするグラフ指向のデータベースになります．複数のリレーションをもつようなデータに対してその威力を発揮します．Webページの順位づけに活用されているPageRankをサポートしています．

第7章 セキュリティ・リテラシ・システム開発

情報化社会が進み，さまざまな情報システムが社会基盤として構築されるようになると，その安全性への問題が顕在化し，不正利用や盗難も含めたトラブルへの対策が注目されるようになってきました．また，情報セキュリティだけでなく高度に情報化した社会の中で利活用されるサービスを正しく利用・享受するためには，サービス提供者側の対策だけでなくサービスを利用する側にもサービスの仕組みや契約内容を理解するための知識や能力，判断が求められるようになります．

しかし，情報セキュリティや情報サービス利用を判断するための知識が必要だといわれても，具体的には何をどうすればいいのでしょうか．ここでは，個人として必要な情報セキュリティに関する知識とその対応，あるいはサービスの利用を自ら判断するために必要なリテラシと，社会と情報システムの関わりについて説明します．

7.1 情報セキュリティ

情報セキュリティは，高度に専門的で難しいイメージをもっている人もいて敬遠されがちですが，本来は情報を扱う産業や分野における基本的な取組みの1つです．個人のプライベートな情報や，企業の知的財産に関する情報や戦略，顧客のデータ，国家機密に関する文書など，安全性に対するレベルに違いはあっても，一個人にも家庭にも学校にも企業にも国家にも守るべき情報があり，その対策をするのが一般的です．ここでは，情報セキュリティに関する「考え方」とその実現のための手法として関連する情報技術の仕組みを簡単に説明します．

7.1.1 情報セキュリティとは

情報セキュリティを考えるにはまず，守るべき対象を考えます．個人，学校，企業，など，さまざまな立場や組織の中で，守らなければならないもの（情報）のことを，**情報資産**といいます．どのような情報資産を対象とするかにより，考慮すべき**脅威**と**リスク**，ひいてはその対策は変わってきます．たとえば，とにかく情報漏洩（ろうえい）を防ぎたいのか，あるいはどんな災害が起こったとしても多数の利用者にサービスを提供できるようにしたいのか，などです．

情報セキュリティ，という言葉は，ISO/IEC 27002（JIS Q 27002）においては，情報資産に対して**機密性**，**完全性**，**可用性**を維持すること，と定義されています．この3つの要素は情報セキュリティの三要素，あるいは情報のCIAともいわれます．

情報セキュリティに関する主な用語や概念は以下の通りです．

機密性（confidentiality）　許可された対象（人や機材，プロセス）以外に対して，情報を非公開あるいは利用不可とする性質．機密性が保たれないと情報漏洩や不正利用の可能性が生じます．データや通信路の暗号化，認証技術等を用いて実現します．

完全性（integrity）　本来想定した状態から情報が壊れていないことを保証する性質．完全性が保たれないと情報の改ざんや破壊，消失などの可能性が生じます．チェックサムや電子署名等の技術を用いて実現します．

可用性（availability）　許可された対象が必要なときに必要な情報やサービスにアクセス，使用できる性質．可用性が保たれないと停電や災害時のサービス断絶やDoS攻撃（Denial of Service attack）のようなサービス妨害の可能性が生じます．サーバの冗長化などの技術を用いて実現します．

脅威（threat）　情報資産を脅かすものとして分析する対象（脅威分析）．脅威は外部だけでなく内部にも存在する可能性があり，また不正アクセスのような論理的なものだけでなく，自然災害や物理的な盗難・破壊も含まれます．

リスク（risk）　情報資産に対して損失を発生させる可能性．脅威を分析した結果として挙げられる可能性を管理する対象です（リスク管理：リスクマネジメント）．リスクは完全になくすことはできないため，回避策，低減策あるいはリスクの分散（移転）を検討しても残るものは保有（リスク保有）

します.

脆弱性（vulnerability） 情報資産が保有する弱点．多くの場合，情報資産を管理するソフトウェアやコンピュータの設計上，運用上あるいは仕様上の欠陥などを指します.

インシデント（incident） 損失や危機が発生するおそれのある（または発生してしまった）事態.「危機」や「事案」のような日本語に訳される場合もありますが，多くは「インシデント」という言葉のままで使われます.

端的にいうと，情報セキュリティとして情報資産を部外者にはみせたくない場合は「機密性」を，書き換えられたくない場合は「完全性」を，止まると困る場合は「可用性」を維持するための対策を立てる必要があります.

情報セキュリティの要素としては，他にも署名や認証などの技術を用いて利用者やデータが適正であることを示す「真正性（authenticity)」，システムに残った記録（ログ）などを用いてどの機材で何が起こったのか適切に追跡できる「責任追及性（accountability)」，発生した事象やデータをなかったことにされないようにするための「否認防止（non-repudiation)」，情報システムが適切に処理され矛盾なく動作する構成になっていることを示す「信頼性（reliability)」などが追加されています.

7.1.2 自分の「情報」を守るために

情報システムは，誰にでもすべてのシステムの利用や情報へのアクセスを認めているわけではありません．普段使っている検索サイトやポータルサイトでも，ゲストと登録会員とではアクセスできる情報やサービスには差があるのが一般的です．大学のシステムは在籍する学生や教職員しかアクセスできませんし，同じシステムであっても学生と教員では閲覧できる情報や操作できる処理が異なります．情報システムは，誰にどの情報へのアクセスを許可するのか予め設定した上で，本当に接続要求してきた利用者やコンピュータは正当な利用者なのか把握し，適宜処理しています.

以下に，身のまわりの情報資産に対するセキュリティ対策を考える際によく出てくる，基本的な情報システム関連用語を説明します.

アカウント（account） 情報システムを利用できる利用者（ユーザ）の利用権限情報．利用者ごとに提供可能なサービスやアクセス可能な情報を設定します．

ID（identification） 情報システムが利用者を識別するための番号や記号．他の利用者とは重複することのない情報．情報システム側からは，このIDからどの利用者がシステム利用をしようとしているのかを知ることができます．

パスワード（password） 正しい利用者であることを示すための情報の1つ．利用者本人しか知らないことが大前提であり，多くの場合IDとパスワードが1セットとして管理されます．かつて，情報システムにおけるパスワードは安全性のため定期的な変更が推奨されていましたが，パスワード管理の難しさから，2017年に米国国立標準技術研究所（NIST）からパスワードの定期的変更は求めるべきではないとするガイドラインが示されました♠[1]．

認証（authentication / certification） システム越し，ネットワーク越しに利用要求してくる利用者が「正しい」利用者であることを確認するための処理や技術．認証の要素として使われるのは，パスワードのようなその人が知っているもの（SYK: Something You Know），乱数表のようなその人がもっているもの（SYH: Something You Have），生体認証のようなその人自身（SYA: Something You Are）であり，サービスの重要度によっていくつかの要素を組み合わせて認証する多要素認証や二段階認証が用いられます．

電子証明書（digital certificate） 信頼できる第三者機関（認証局：CA, Certificate Authority）が発行する電子的な身分証明書のようなもので，利用者がインターネットを通じて送信するデータについて，利用者本人により作成されたものであることを通信相手が確認するための情報．一般的には公開鍵暗号を用いた証明書を指します．

ウイルス（virus） コンピュータウイルス．日本では経済産業省（当時の通商産業省）告示のコンピュータウイルス対策基準♠[2]としては，自己伝染

♠[1] https://pages.nist.gov/800-63-3/sp800-63b.html

♠[2] http://www.meti.go.jp/policy/netsecurity/CvirusCMG.htm

機能，潜伏機能，発病機能のいずれか1つ以上を有するコンピュータソフトウェアを指します．

ワクチン（vaccine），ウイルス対策ソフトウェア（anti-virus software），パッチ（patch）　ウイルスの検査，予防または修復いずれかの機能を含むソフトウェア．人はウイルス感染（罹患（りかん））予防対策の1つとしてワクチン接種を行うことがありますが，これと同様に特定のウイルス感染を予防する目的で開発されるソフトウェアです．パッチとはコンピュータにおける修正プログラムです．アプリケーションやOSのセキュリティアップデートを行い，ウイルス対策ソフトを常に最新版にすることで，必要なパッチが適宜導入されます．

マルウェア（malware）　コンピュータウイルス，スパイウェア，ボット，ランサムウェア等の悪意のあるプログラムの総称．多くの場合，使用者や管理者の意図に反して（気づかぬうちに）コンピュータに入り込み，悪意のある行為を行います．

ファイアウォール（firewall）　コンピュータネットワーク上の境界に設ける通信制御システム．延焼を防ぐための防火壁と同様に，通過させてはいけない通信を遮断するためのソフトウェアあるいはコンピュータであり，一般的にはネットワークの内部と外部を隔てるものとして設定されます．外部から内部への攻撃等の通信遮断だけでなく，内部から外部への意図しない通信の抑え込みにも用いられます．

標的型攻撃（targeted threat / targeted attack）　不特定多数に対する攻撃ではなく，特定の組織や個人を狙う攻撃．

水飲み場型攻撃（water hole attack）　攻撃者が特定のウェブサイト（水飲み場）にマルウェアを仕掛ける攻撃．そのウェブサイトにアクセスすることでマルウェアをドライブバイダウンロード（利用者に気づかれないようにソフトウェアをダウンロード・実行させる行為）により導入させます．

ソーシャルエンジニアリング（social engineering）　コンピュータウイルスやスパイウェア等を用いず，電話や覗き見などでパスワードを不正入手すること．パスワードや個人情報などの情報を入手したり，廃棄する書類を不正に回収したり，公共の場やカフェなどで対象ユーザが作業しているPCの内容を覗き見たりするなど，人間の心理や行動の隙につけこむことでパスワードを不正入手する手法であり，標的型攻撃を行う場合には，こうした手法が用いられることが多いとされます．

たとえば，普段利用しているオンラインバンキングやネットショッピング等で使う HTTPS（Hyper Text Transfer Protocol Secure）というプロトコルでは Web のデータ転送が暗号化されている状態であり，ブラウザの URL 付近に表示される鍵マークをクリックすることで通信相手（サーバ）の電子証明書の確認ができます（図 7.1，図 7.2，図 7.3）．これにより，正しい Web サーバとの間で，情報が暗号化されてやりとりされていることが検証できます．

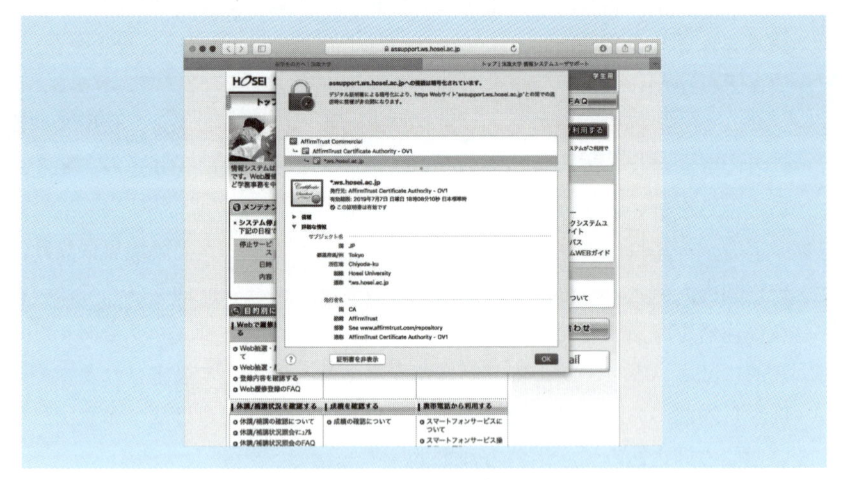

図 7.1 電子証明書の例

図 7.2 URL 表示部分にある鍵マーク

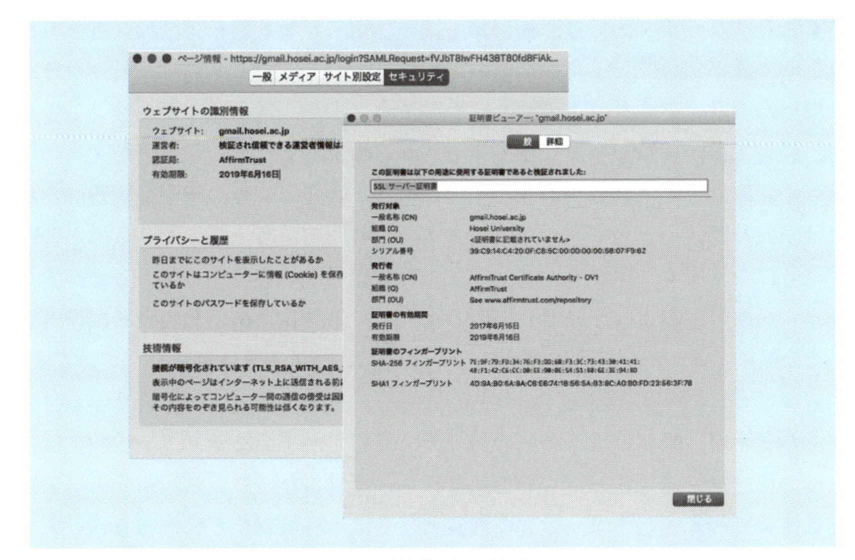

図 7.3　電子証明書の詳細を表示

7.1.3　情報セキュリティのための基礎技術

このような情報システムにおけるセキュリティは，技術的には複数の暗号や認証の処理を組み合わせることで実現しています．**暗号化**とは第三者が通信データをみても特別な事前知識なしには読めないように変換することであり，通信相手など「事前知識」を知っている人や機材は**復号化**することで正しく通信データを読み解くことができます．

現代の情報システム上では暗号化の技術は**秘密鍵暗号**（または**共通鍵暗号**）と**公開鍵暗号**の 2 つの方式に大別されます．どちらの場合も暗号化・復号化に**鍵**と呼ばれる事前知識を用いますが，前者の場合は暗号化・復号化に同じ鍵を用います．処理が速いため広く一般に使われる技術なのです（図 7.4）．図の破線より上の部分は実際のメッセージ（平文（ひらぶん））を暗号化し，暗号化されたデータを通信し，受信者側で復号化（元のメッセージ）を取り出していることを示しています．破線より下の部分は主に暗号処理に使う鍵の説明です．秘密鍵暗号では暗号化と復号化に同じ鍵を用います．秘密鍵暗号による異なる通信を複数の人やサーバと行う場合は，複数の鍵をそれぞれもつ必要があります．そして通信データとして受け取った暗号文を復号化するときに，適切な鍵を選択して使用することになります．では，通信相手に事前知識となる鍵を秘密に共有するにはどうすればよいでしょうか．そのような方法があるのであれば，最初からそれで秘密の通信をすればよいことになります．また，通信相手が複数いる場合や，通信相手が異動や卒業などで変更される場合，また最初から事前知識の秘密のやり取りをする必要があります．これは，共通鍵暗号の**鍵配送問題**（あるいは**鍵共有問題**）として知られています．この問題を解決してくれるのが公開鍵暗号になります（図 7.5）．この方式では，暗号化・復号化に用いる鍵が異なります．図の破線より下に示しているように，暗号化・復号化のために作る鍵が「公開鍵」と「秘密鍵」の 2 つになり，公開鍵と秘密鍵は対になっています．秘密鍵はパスワードと同じく自分しか知らない情報として大切に管理する必要がありますが，公開鍵はその名の通り，公開してかまいません．一般的には通信元の秘密鍵で暗号化したものを通信相手が（対になっている通信元の）公開鍵を使って復号化します．重要な性質としては，秘密鍵から公開鍵を作りますが，公開鍵からは秘密鍵が作れないということです．どうやって公開鍵を公開するか，本当にその人の公開鍵だと保証できるか（他の人がなりすましをしていないことが検証できるか）等，公開鍵を保証し社会基盤として機能させるために，**PKI**（Public Key Infrastructre：**公開鍵暗号基盤**）があります．電子証明書にはその証明書を発行した機関や有効期限の他に公開鍵情報が含まれます．オンラインバンキングや授業の履修登録，確定申告など社会生活を送る上

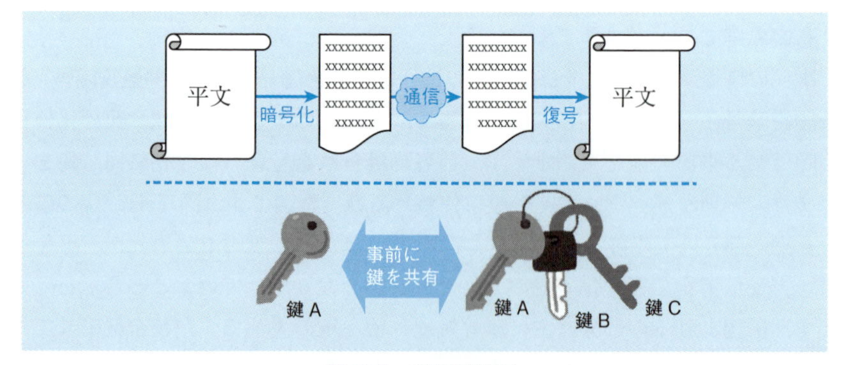

図 7.4 秘密鍵暗号

で電子的な身分証明を行う際などにも，PKIが活用されています♠3.

他にも，ハッシュ関数を使った完全性の検証や利用者（あるいは機材）認証の技術は，高度に情報化した現代の社会の中では普段の生活で意識していないようなところにも使われています.

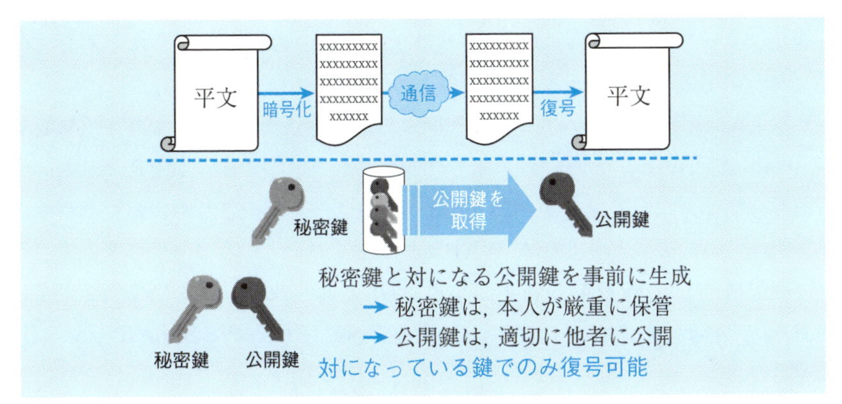

図 7.5 公開鍵暗号

7.1.4 無線LANのセキュリティ

今日ではスマートフォンや携帯端末が普及し，誰もがモバイルコンピューティングを当たり前のように利活用しています．かつての携帯電話が通話以外の機能をもち，NTTドコモのi-modeと呼ばれるサービスによってインターネットに接続するようになったのは1999年1月です．以来，携帯電話網を使ったデータ通信サービスは機能や能力を拡張し，従量課金から定額制に移行して行きました．同じころに，IEEE802.11シリーズと呼ばれる**無線LAN**の規格も策定され，さまざまな研究の成果から安定的な無線LANサービスが街中でも利用可能になってきています.

無線LANネットワークは人間の眼にはみえない電波を用いた電子的なネットワークです．無線LANとしてネットワークを構築する場合，**SSID**（Service Set Identification）またはESSID（Extended Service Set Identification）と呼ばれるネットワークの識別子を用います．この識別子を使って，空中を飛び

♠3 http://www.soumu.go.jp/kojinbango_card/kojinninshou-01.html

交っている多種多様なみえない電波の中のどの電波を利用するか，特定します．どの無線 LAN ネットワークに接続するのか，SSID を用いて選択したら，そのネットワークに接続するための通信が高速に行われます．必要な情報は，接続先の無線 LAN ネットワークが提供しているセキュリティによって異なりますが，現在では通信路の暗号化も接続してきた端末の認証も何もない状態で接続可能な「オープン」あるいは「セキュリティなし」のものはほとんどありません（あっても安全ではないので，接続しないようにしましょう）．

無線 LAN のセキュリティとして初期からある手法の 1 つが，**WEP**（Wired Equivalent Privacy）と呼ばれる暗号化規格のサービスです．WEP キーという秘密鍵を使う方式なのですが，この仕組みは脆弱性が指摘されているため利用は推奨されていません．現在では，WEP の脆弱性を補強しセキュリティを向上させた後継規格として **WPA**（Wi-Fi Protected Access）あるいは **WPA2** が主に利用されています．これらの規格では，事前共通鍵（PSK: Pre-Shared Key）の他に実際の通信の暗号化には TKIP（Temporal Key Integrity Protocol）と呼ばれる一時的な鍵を用います． WPA2 では WPA の強化策として AES（Advanced Encryption Standard）と呼ばれる秘密鍵暗号方式を用いています．

電気通信事業者が法律に則って管理運用している携帯電話網とは違い，無線 LAN は機材や回線契約さえあれば基本的には誰でもサービスすることができます．サービスが始まった当初はともかく，近年では無料の無線 LAN サービスを悪用した個人情報流出などの事件も発生しています．第 1 章で述べたように，情報システムは実際の情報処理を担うコンピュータだけでなく，通信などの周辺装置やサービスにも関わることから，情報セキュリティという意味では自分の PC やスマートフォンの管理をしていればよい，というわけではなく，どのような経路でつながっているのか，という通信路にも注意が必要だということです．

7.1.5　日本の情報セキュリティに関する主なポータルサイト

情報セキュリティに関しては，ウイルス対策ソフトのような特定のソフトウェアを入れていれば絶対安全，というような万能薬は存在しません．現在の対策が十分だったとしても，それが 1 ヶ月後，半年後，1 年後までも有効とは限らないのです．したがって，日ごろから 1 つずつ，ウイルス対策ソフトの更新やソフトウェアのセキュリティアップデートなどの技術的な情報更新を行うことが大切です．

さらに，普段の生活においては，最新かつ正確な情報収集が必要になります．どのような事件が起こっているのか，その経緯はどのようなものか，脆弱性はどこにあるのか，どのような対応が有効なのか，何か起きたとき，どこに届け出る必要があるのか，あるいは，情報サービスに関して日本ではどのような政策をとろうとしているのか．さまざまな情報を普段から把握しておく必要があります．たとえば，日本政府が設置する情報セキュリティ組織としては「内閣サイバーセキュリティーセンター」♠4 という組織があります．このセンターの公式 HP には，情報セキュリティ政策会議や基本計画などの関連資料だけでなく，情報セキュリティ対策のための統一的な基準，マルウェアの調査分析，最新のセキュリティ情報の広報などが提供されています．また，興味がある方は，警察庁，総務省および経済産業省が設置した官民意見集約委員会の成果物として運用している，「ここからセキュリティ！」という情報セキュリティに関するポータルサイト（図 7.6）♠5 があるので参考にしてください．

図 7.6 「ここからセキュリティ」ポータルサイト

♠4 https://www.nisc.go.jp

♠5 https://www.ipa.go.jp/security/kokokara/

7.2 情報とリテラシ

リテラシ（literacy）とは，広辞苑（第七版）によると“読み書きの能力．識字．転じて，ある分野に関する知識・能力．”と定義されています．平たくいうと基礎学力，ともいえるものですが，現代社会を生きる私たちにとって必要な知識・能力は，近世末期以降の初等教育の基本とされた“読み・書き・そろばん”（文字・文章を読み内容を理解する，文字・文章を書く，計算する）に留まりません．今では，小学校の授業に英語やプログラミング教育が組み込まれ，さまざまなコミュニティでコミュニケーション能力の開発やICTに関する啓蒙・教育が行われています．つまり高度に情報化された社会で，できるだけ安全に，正しくサービスを享受するためには，情報学関連の知識や能力がある程度は前提として求められます．これは，情報科学に関する基礎知識（**情報リテラシ**）だけでなく，情報受発信の媒体として用いられるメディアに関する知識（**メディアリテラシ**），あるいは数値等のデータを情報として正しく読み取る力（**統計リテラシ**），および情報や情報システムの利用や意思決定に関する知識も含まれます．

7.2.1 情報リテラシ

現在の方式の電子計算機が誕生してから半世紀ほどで，その能力は飛躍的に向上しました．今世紀に入るころには，コンピュータが単体で動作するのは珍しくなり，コンピュータだけでなくさまざまな電子機器がネットワーク化されて必要な情報を適宜自由に交換する情報通信基盤ができ，その安定性や性能は日々向上しています．そのような社会で生活する私たちも，コンピュータや電子機器を自然に操作し，情報を得たり楽しんだりしています．つまり，「読み・書き・そろばん」だけでなく身のまわりの情報機器を必要に応じ自在に扱う能力，いわゆる情報リテラシが必要になってきました．一部の人だけでなく多くの人が，情報学に限らず多くのテクノロジを正しく使えるかどうかは，将来の社会環境に非常に大きな影響を与えます．

学校教育も情報化を推進しています．平成30年に公開された「小学校プログラミング教育の手引き（第一版）」では，学習指導要領で示している学校での情報教育のうち，小学校におけるプログラミング教育の目的や基本的な考え方を解説しています．ここには例として，問題解決のためのプログラミング的思考についての記述もあります（図7.7）．つまり，小学校の段階から，コンピュー

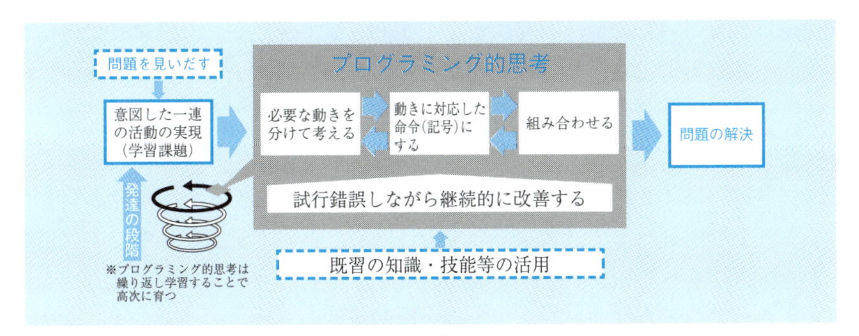

図 7.7 プログラミング的思考について
（文部科学省「小学校プログラミング教育の手引き」より）

タが色々なところで活用されていることに気づき，また問題解決のための思考には手順があることを学ぶのです．

7.2.2 メディアリテラシ

情報リテラシを駆使して，さまざまな機器を操り情報を集めたり発信したりすることができるようになれば，それで十分でしょうか．たとえば，集めた情報が随分古いものだったり，誤りがあったり，検証不可能だったりするとどうでしょう．自分が発信した情報のせいで，他の誰かを傷つけたり損害を与えたりすることもありえます．メディア，というのは情報学的な意味としては情報を伝える「媒体」です．情報を人々に伝える機関や事業，システム，またはその手段や方法が含まれます．文意によってはUSBメモリやCDのような物理的な媒体装置もメディアと呼ぶこともあります．つまり，何か情報を相手に伝えたいときに媒体するもの，です．起源としては言葉や紙が代表的なメディアであり，これらが確立することで，他の人に正しく情報を伝えることができ，遠くに持ち運んだり後世に残したりすることができるようになりました．近代のテレビや新聞のように不特定多数に向けて情報をほぼ一方的に発信する「マスメディア」もメディアです．一対一の情報受発信となる手紙や電話も，大容量かつ双方向のディジタル情報のやりとりが可能なインターネット上のサービスもメディアです．不特定多数に対して個人が情報を発信する場合，以前は書籍を出版したりマスメディアに取り上げられたりする必要があって敷居が高いものが多かったのですが，今では比較的簡単に自分の意見や生活スタイルを複数のサービスを用いて発信・共有することができます．しかし，簡単にできるからといって安易にでまかせをいったり自分の個人情報を公開したりする人はいないように，自分が何か表現したいときは適切なメディアや公開範囲を選んで内容を吟味した上で発信する，メディアから受け取った情報には「メディアの意図」あるいは「その情報を発信した個人や組織の意図」が多少なりとも介在することを理解した上で必要な部分を受け取る，という意識が必要です．情報を「批判的に考える (Critical Thinking)」というのはネガティブに意地悪な見方をする，という意味ではなく，物事の問題を特定して適切に分析する考え方です．出所が不明な1つのニュースに右往左往することなく，きちんと情報源や状況を把握して論理的に考える，そのためのメディアに関する知識や判断力を，**メディアリテラシ**と呼びます．

7.2.3 統計リテラシ

情報化社会でさまざまな情報やサービスを正しく享受するためには，情報機器を使いこなして必要な情報を得たり発信したりする「情報リテラシ」，受け取る情報を批判的に解釈し，情報発信するためのメディアを正しく選択をするための「メディアリテラシ」だけでなく，**統計リテラシ**も必要です．これは，主に数字を使った不正確な情報や印象に惑わされることなく，きちんと正しい情報を読み取る力です．数字は嘘をつかないといわれることもあり，統計は社会生活のあらゆる場面で利用され必要なデータを活用することで全体を把握したり自分の主張に説得力をもたせたりすることに役立ったりします．しかし，数字を使って都合のよい印象操作がなされることも往々にしてあります．また，統計調査やアンケート調査も，その調査方法やアンケート自体が偏っていたり不都合な部分が隠されたりしていることもあります．アンケートや統計調査のデータが，いつ，どのような人を対象にどのような手法で行われたのか，そこから何が読み取れるのか，という思考を身につけることで，自分の身を助けることもあるかと思います．

7.2.4 情報倫理

情報倫理とは，広辞苑によると“社会の情報化・電子化に伴って必要とされるようになった応用倫理の分野．また，その研究を行う学問．情報や情報システムの創造・制御・使用や意思決定の問題に関わる”とあります．もともとは情報化を含む科学技術（テクノロジ）の発展は，社会の不便や困難を緩和したり利便性を向上させたりするために進められているものです．つまり，将来的には人間が危険で困難な仕事をしなくて済むように，あるいは負担の大きな反復作業を簡略化できるように，今後も新しい技術やサービスが生まれるでしょう．現在でも高度に情報化された社会で多くのサービスを利活用していますが，今後は人の手を介さない「自動化」や，人間に代替する「ロボット」，あるいは「人工知能」がさらに発展するかもしれません．自動運転やボードゲームをする人工知能の話題は尽きず，人工知能が人間の知性を超える「シンギュラリティ（技術的特異点）」の議論もあります．しかし，情報学に限らず他分野においても，技術的に問題解決が可能であっても倫理的に問題があったり法整備などの社会的な環境が整っていなかったりする場合には，普及展開は困難です．哲学的な議論も含め，情報倫理学は今後さらに重要度を増す分野の1つといえます．

7.3 システム開発

国民生活および社会活動に不可欠なサービスを提供している社会基盤のことを重要インフラといいます[2]．日本の政策的には金融や電力，医療，水道，物流，情報通信などの13分野が定義されています（2018年3月現在）．これらの分野の多くの産業で担われているサービスは今や高度に情報化されて制御・運用されており，高度な情報サービスを実現するために，多種多様な人が業務として情報システムに携わっています．この節では，社会を支える情報システムの開発プロセスについて概説します．

7.3.1 情報システム開発の大規模化

社会的に必要なサービスを構築するために，さまざまな情報システムが日々開発されています．使う機材や通信環境も高度化し，利用者数も利用範囲も大きくなる傾向があると，情報システムも大規模化・高品質化を迫られます．それに伴って，情報システム開発にも体系的な開発が求められ，作成から廃棄に至るまでのサイクルを念頭に検証することが求められるようになりました．

サービスに関わる人的資源，開発や保守も含む技術的あるいは財的資源を包含して構築する，ということは，情報システム開発はプログラマだけではなく，多くの人が携わる仕事ということになります．具体的には，どのようなユーザがどのような環境でどのように利用するのか，その際どのような挙動が求められるのか，どれくらいの規模の利用者数・利用頻度を想定するのか，運用や保守にどれだけ費用を計上できるのか，障害が起こったときに誰がどのような対応をするのか等の諸問題について，対応できる多くの人が協働し，意思決定をしていく必要があります．

7.3.2　情報システムの開発プロセス

情報システムを開発する場合，まずは上記のような利用環境の想定をもとに，ユーザが必要とするシステムの目的や機能・性能を整理分析し，システムに必要な機能（要件）を抽出します．これを**要件定義**といいます．要件定義はユーザ側と開発側の調整担当者間で行われることが一般的です．その後，固まった要件を開発側が会社に持ち帰り，開発に携わる人たちを交えて**外部設計**を行います．この段階では，システム要件に従い，システムを機能ごとのサブシステムに分割し，それぞれの仕様，ユーザインタフェース（画面設計や画面遷移など），必要なデータベースやネットワーク，移行や運用障害についてのスケジュールや連絡窓口，などを詰めて行きます．

ここまで決まったら，次はサブシステムごとにどのような環境で，何を使ってどの機能をどのように実現するか，という詳細化（プログラム構造設計，仕様策定）や，どの段階でどの部分のテストを行うかなどを**内部設計**として決めます．内部設計の際には，プログラミングが可能なレベルに落とし込むための機能単位分割（モジュール分割）や共通関数の設計などを詳細設計とする場合もあります．内部設計完了後，ようやくプログラマやシステムエンジニアが個々のモジュール仕様に沿ってプログラミングします．この作業を，**コーディング**，あるいは**システム実装**，といいます．

実装が終了後，詳細設計をもとに個々のモジュールについて動作確認を繰り返します（**単体テスト**）．仕様を満たす動作をすることを確認できたら，内部設計をもとに，複数のモジュールを結合して動作確認します．これを**結合テスト**といいます．複数のモジュールが結合した状態でうまく稼働するようになったら，外部設計をもとに，開発側がユーザにシステムを受け渡す前にシステムテスト（**統合テスト**）を行います．ここで，システムの機能や性能が外部設計を満たしていることを確認します．その後，要件定義をもとにユーザがシステムを正しく運用することができるかどうか確認する**運用テスト**を行い，開発したシステムを稼働させます．

このようなシステム開発の方法は，開発工程をフェーズに分割し，滝が上から下へ流れ落ちるように前段階のフェーズの成果物を次のフェーズの始点（入力）にする，ということから，ウォーターフォール型（図7.8），あるいはV字モデル（図7.9）といわれます．どちらもほぼ同じものですが，V字モデルに関しては品質保証の観点から定義されるモデルであり，V字の前半が「品質を埋め込む」作業，後半が「品質を確認・検証する」作業とされます．

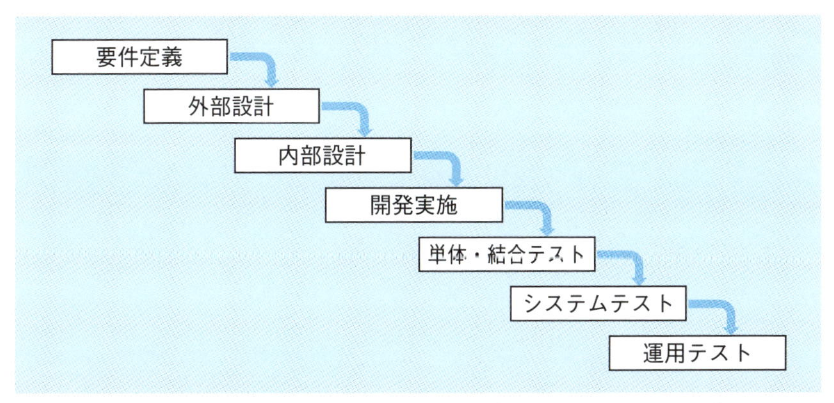

図 7.8 情報システム開発のプロセス（ウォーターフォール型）

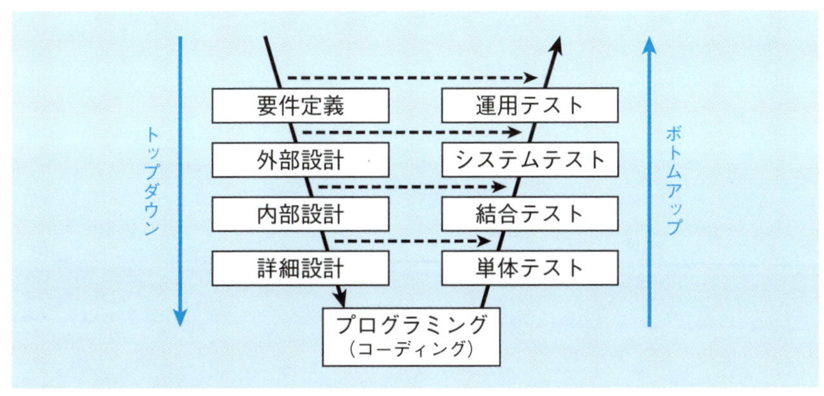

図 7.9 情報システム開発のプロセス（V字モデル）

ここまでにみてきたように，情報システムの開発プロセスは多様な立場の人々の協業プロセスです．上記で触れた他にも，予算の確保や機材調達，担当者間のスケジュール調整，コンプライアンス（法遵守）の調査確認等，情報システム開発に必要となる業務は多岐にわたり，システム開発を成功裡に収めるためには，自らが技術者ではないとしても主体的に開発プロセスに関わっていくことが求められます．システムの全体像と要求要件を把握し，それぞれの立場で必要なコミュニケーションをとる能力は，個々人の専門分野を問わず必須といえるでしょう．

参考文献

[1] 日本工業規格，JIS X 0001:1994，情報処理用語—基本用語

[2] 内閣サイバーセキュリティセンター，重要インフラの情報セキュリティ対策に関する主な資料，https://www.nisc.go.jp/active/infra/siryou.html

[3] 独立行政法人 情報処理推進機構 IT 人材育成本部 情報処理技術者試験センター，情報処理技術者試験 情報処理安全確保支援士試験「試験で使用する情報技術に関する用語・プログラム言語など」Ver 3.1，
https://www.jitec.ipa.go.jp/1_13download/shiken_yougo_ver3_1.pdf

[4] Redis 公式レポジトリー，https://github.com/antirez/redis

[5] Riak 公式レポジトリー，https://github.com/basho/riak

[6] MongoDB 公式レポジトリー，https://github.com/mongodb/mongo

[7] Cassandra 公式レポジトリー，https://github.com/apache/cassandra

[8] HBase 公式レポジトリー，https://github.com/apache/hbase

[9] Neo4j 公式レポジトリー，https://github.com/neo4j/neo4j

索　引

た行

な行

は行

著者略歴

和泉順子（いずみ みちこ）

2003年　奈良先端科学技術大学院大学情報科学研究科博士後期課程単位取得退学
現　在　法政大学国際文化学部准教授　博士（工学）
　　　　情報処理学会，日本ソフトウェア科学会，など会員

櫻井茂明（さくらい しげあき）

1991年　東京理科大学理学研究科修士課程数学専攻修了
現　在　東芝デジタルソリューションズ（株）ソフトウェア&AIテクノロジーセンター主査
　　　　博士（工学），技術士（情報工学）
　　　　日本知能情報ファジィ学会，人工知能学会，電子情報通信学会，日本データベース学会，日本技術士会会員

中村文隆（なかむら ふみたか）

1996年　京都大学大学院理学研究科博士後期課程修了
現　在　東京大学情報基盤センター助教　博士（理学）
　　　　電子情報通信学会，情報処理学会，日本天文学会会員

Information & Computing ＝ 118

情報システム概論

2018年10月10日©　　　　初　版　発　行

著　者　和泉順子　　　　発行者　森平敏孝
　　　　櫻井茂明　　　　印刷者　大道成則
　　　　中村文隆

発行所　**株式会社　サイエンス社**

〒151-0051　東京都渋谷区千駄ヶ谷1丁目3番25号
営業　☎ (03)5474–8500（代）　振替 00170–7–2387
編集　☎ (03)5474–8600（代）
FAX　☎ (03)5474–8900

印刷・製本　太洋社

《検印省略》

ISBN978–4–7819–1430–5

PRINTED IN JAPAN

サイエンス社のホームページのご案内
http://www.saiensu.co.jp
ご意見・ご要望は
rikei@saiensu.co.jp　まで．